# TEN DRINKS THAT CHANGED THE WORLD

# 改变世界的十大名酒

[英] 瑟奇 · 林奇（Seki Lynch）著
[英] 汤姆 · 玛利尼阿克（Tom Maryniak）绘
史瑶瑶 译

ACC
艺术
丛书

中国摄影出版传媒有限责任公司
China Photographic Publishing & Media Co., Ltd.
中国摄影出版社

爸爸妈妈，我敬你们！

# TEN DRINKS THAT CHANGED THE WORLD

# 改变世界的十大名酒

# 目录
# CONTENTS



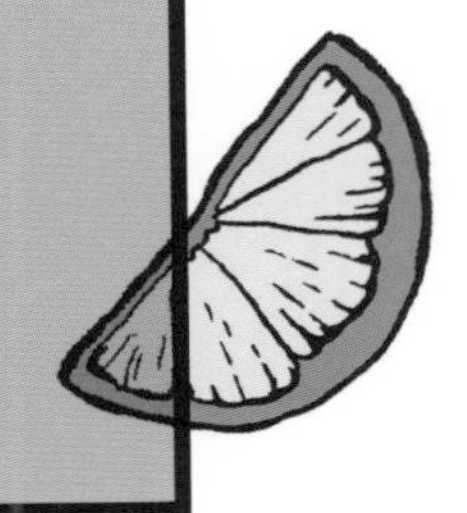

# 引 言

# INTRODUCTION

您选择阅读本书，我倍感荣幸。我们将一起走近影响世界的十大名酒。在此之前，我想先谈一谈我的创作初衷。

我认为酒与火的元素类似。在人类尚未掌握酿酒方法之前，酒已然存在。与食物和水一样，火和酒也是最早将人类凝聚在一起的东西。

食物和水是人类赖以生存的必需品。人类从海洋进化而来，对水的需求远远大于对食物的需求。虽然酒和火一样出现得比较晚，但酒堪称奢侈品。酒和火都是自然而然出现的，人们借助一定的想象力最终能够利用酒和火，并且分享其使用方法，实现这一过程需要一定的融会贯通能力和想象力。正是因为食物、水、火和酒将人凝聚在一起，人类才可以展望未来。我认为，酒是世人了解人类祖先和当代生活的窗口。酒所提供的社会、经济和政治视角之深刻，正如其自身类别之宽广。酒与个人和社会文明的命运息息相关——事关人类的发展历程。

与其说酒的发展历程是一段历史，不如说是一个故事。虽然有关酒的文字记载少之又少，但是有关发酵的半流体的传言却是不绝于耳。

历史上，因为饮酒过度而死的事时有发生，这些逝者的相关信息后人无从问津。试问一下，人类真的清楚酒在苏格兰人和爱尔兰人的葬礼中的地位吗？又真的了解酒在彼得王子（Prince Peter）举办的宫殿狂欢之夜所扮演的角色吗？这一个个谜团激发了酿酒所需的想象力。我们对这些谜团的好奇心就像我们对于已知事物的敬畏心一样。

在这本书中，我想与大家畅聊一些与酒有关的奇闻轶事，帮助大家更好地了解酒对人们生活所产生的影响。对于无心阅读有关杜松子酒、波旁威士忌或干邑专著的读者来说，这本书贵在言简意赅。由于篇幅限制，此书无法详尽地介绍每一种烈酒的发展史。我很有幸地知晓过去几个世纪与酒相关的历史故事，畅享众多美味时刻。虽然有关烈酒的著作不胜枚举，但其大多聚焦在酒的历史文化意义上。我希望本书能够成为满足大家好奇心的入门读物。想要找到不同风味的酒，您需要先了解不同烈酒的发展史。

调酒师所著之书无一例外都会介绍其个人的调酒秘方。在本书的每一章末尾，我会介绍一些独家配方。调配时，我认为前两种配料不可或缺。调酒的方法很多，但我认为本书中提及的鸡尾酒调制方法都是最棒的。

蒸馏技术源于早期的炼金师对第五元素的探求。他们认为，这种元素能够治愈疾病、延年益寿，甚至将金属变成黄金。不难想象当他们发现其蒸馏而得的只是一种质地如水的炽烈液体时万念俱灰的心情。炼金师在分解实验中意外地发现了烈酒。由烈酒和植物泡制而成的酒被用于药疗的传统得以传承，一度被士兵们用来治病，后来甚至被充作货币。这或许是炼金师们意料之外的。

瑟奇·林奇（Seki Lynch）

如果您问我是否需要来一杯，
我想答案是肯定的，我需要。
为何要拒绝呢？
这毫无意义，不是吗？

迈克尔·奈特（MICHAEL NATH）
拉罗谢尔（LA ROCHELLE）

# 白酒

# BAIJIU

不难想象，中国的白酒历史最为悠久。蒸馏技术与复杂的发酵工艺能够在当时的宫廷中实现缔合，这归功于往来于丝绸之路上的商人，他们为酿酒知识的传播做出了贡献。据此酿造而成的白酒在中国文化史上意义非凡。然而，白酒近几年才在全球范围内声名鹊起，但仍有许多西方人从未听说过中国的白酒。白酒的发酵工艺之复杂程度在酒中可谓绝无仅有。昔日，白酒只是农民在私下场合的啜息之选，今时却备受政商界人士的青睐。如今，白酒一跃成为全球最畅销的酒，其销量是伏特加的两倍多。

## 什么是白酒

白酒由一种或多种粮谷酿造而成，通常以高粱、大米、小麦、大麦和玉米为原料。此外，有些白酒由诸如小米与薏仁（中国的珍珠大麦）等之类的禾本科植物经发酵、蒸馏工序酿造而成。选择何种原料酿酒取决于酿酒人的酿制需求。白酒的类型主要有清香型、浓香型、酱香型（似酱油味），它们占据白酒总份额的 60%—70%。至于其余的 9 种类型，它们的酿造方法各有特色。酒曲（发酵剂）是酒香的灵魂[2]。可以用来制作酒曲的原料品种繁多，

白酒

比如小麦、大麦和豌豆等谷物。首先将原料粉碎（曲胚），再稍微浸泡一下，最后压制成砖状，在发酵过程中会滋生多种微生物，包括菌株、丝状真菌、细菌和放线菌等多种微生物。酒的发酵和蒸馏需要用到许多大陶罐，酿造时间短则几个月，长则数年。在这些微生物的作用下，最终产生不同风味与口感的酒。

## 独特的谷物

高粱属禾本科植物中的开花品种约有 25 种。双色高粱是最主要的一种，在非洲、美洲，以及亚洲的南部与中部被广泛种植。据说，高粱的种植始源于 6000 年前的埃及纳布塔沙漠，其好处多、种植价值高。不同于其他谷类植物，高粱的适应性极高，抗旱、抗涝、耐高温，光合作用及水分吸收能力超强。有些品种的高粱生长周期仅需 75 天左右，一年可以种植 3 季。高粱的经济价值颇高，在大约 5000 年前，经非洲经贸之路传入中国，但直到约 4000 年之后才被广泛用于酿酒，之后成为酿酒中必不可少的成分，尤其在中国最受青睐的白酒的酿造过程中。

## 有关酵酿最古老的传说

中国人的饮酒史最早可以追溯到八九千年前。至于新石器时代的酿酒是否受到美索不达米亚居民的影响，我们就不得而知了。据现有资料，早期的酒由大米酿造，添加有蜂蜜和水果。考古学家从古都安阳及长子口墓穴[3]出土的陶甑中发现了酒，距今已有3000年的历史。这些酒以大米为主要原料，辅以植萃和树脂。据此可以推测酒在中国古代社会扮演着重要角色。中华民族的文明史、文化史也深深地铭刻着酒的烙印，与酒相关的逸闻趣事不胜枚举。

有关中国人发现酵香原理的传说可能会引起酿酒师们的不适。传闻中发酵历史的起源比实际发生晚很多。流传最广的一种说法是，夏朝（约前2070—前1600）第五代君主杜康为中国历史传说的“酿酒始祖”[4]。据说，为了专心看守羊群，杜康经再三思虑后将米贮藏在一棵桑葚树的树洞中。因为米被搁置在树洞中的时间过久，杜康归来时竟发现一股醇香扑鼻而来。另外一种说法则是杜康为了照顾卧病在床的叔叔而将食物储藏在树洞中，不料归来时却发现食物已经长霉，只能选择用这些变质的食物充饥。但出乎意料的是，他的叔叔吃完后竟然奇迹般地康复了。杜康也因为意外发现酒精的奥秘被世人尊称为“酒圣”，有的地方尊其为“酒祖”。

## 宫廷与医药

在周朝（前1046—前256），酒的地位异乎寻常，当时的宫廷曾雇用110人担任酒官。很多人乍一听到这个数字，会觉得不可思议。但如果知道这100余位酒官需要指挥管理在宴会上为宾客斟酒的340位侍酒者，相信自然能理解当时宫廷的做法。除此之外，还有170名专业酿酒师专门负责准备6种不同类型的酒。为了满足烹饪和饮酒需求，当时的宫廷餐饮服务人员多达 2400 人。

如果不了解古代中国与酒的关系，上文提到的人数似乎过于庞大。周朝的书法艺术揭示了酒的药用价值。汉字“医”的繁体字“醫”与“酒”字一样同取“酉”部。200 年后汉代（前 206—220）的王莽（前 45—23）对酒赞赏有加，认为其有益健康，甚至称酒为“百种药物中最古老的一种”。中国人用酒制药的传统起源于白酒，人们在白酒中添加人参、蛇等动植物来增强白酒的药用疗效。

几个世纪以来，中国人不仅通过发酵技术生产出了酒，还利用其保存食物。通过实验，他们机缘巧合地发现了一种全新的发酵方式。数千年前，在尚未掌握蒸馏技术之前，中国人就已经发现了一种比单纯使用酵母发酵更为复杂的方法。

## 曲——一种复杂的微生物

“曲”的汉语读音与英文单词“chew”（咀嚼）的发音类似，精选谷物或大米压制成块，经过压实和干燥后可以作为微生物的宿主，包括多种酵母菌株、真菌和细菌。曲可能起源于发霉的谷物。但是，人们对曲的用途的研发意味着中国生产者发明了一种独特的发酵方法。曲将淀粉分解成发酵所需的糖，这比仅使用酵母发酵的方式更经济。绝大多数的谷物因为具有将淀粉转化为糖所需的麦芽糖，经济价值不言而喻。据悉，这种复杂的曲块在汉代（前 206—220）首次被使用，它不仅提升了发酵的效率，还改善了酒的口感。

很多原材料都可以被用来制作成曲。因为曲能够酿成不同风味的酒，所以许多酿酒师倾向于自己制作曲。虽然可以用来制作曲的原材料的种类繁多，但曲的基本形式只有两种。第一种是小曲，通常由大米或糯米制成。小曲经加工后被制成球状，然后静置以滋生不同的物质。人们有时会在小曲中掺杂中草药，这也正说明了其药用历史。小曲可以用来酿造白酒和黄酒。第二种是大曲，通常以高粱为主，与小麦、大麦或豌豆等谷物混合制成。大曲被研磨、润湿后，再压制成大块，静置一两个月，干燥后采集霉菌和其他菌类，用于酿造白酒。

即使中国的发酵原料领先世界，但当时却缺乏蒸馏的核心技术。当曲与蒸馏技术结合运用时，一种独特的烈酒便奇迹般地诞生了。

## 蒸馏技术的诞生与令人恼火的诗人

一般认为，烈酒的哲学起源于希腊人。亚里士多德（Aristotle，前384—前322）在《气象通典》（*Meteorologica*）中指出，液体都是混合物性质的水，且可以通过冷凝的方式进行成分分离，比如海水蒸发后形成的水分含盐量会降低。虽然亚里士多德通过海水的蒸发和凝结实验进行了论证，但却从未昭示实验方法。亚里士多德指出，葡萄酒冷凝后会产生水和其他物质。这一言辞凿凿的表述至少可以推测亚里士多德当时并不清楚葡萄酒冷凝后的其他成分。遗憾的是，这意味着亚里士多德永远尝不到“生命之水”——这是后世之人赋予蒸馏酒的名称。炼金师认为，这一精华物质源于其蒸馏而得的植萃。

自此，希腊、埃及和中东之间的智慧对话推动了蒸馏技术的发展。3 世纪，炼金师玛丽亚·希伯来亚（Maria Hebraea）曾在埃及希腊化的亚历山大港工作。她的科学实践与对玻璃和冶金等材料工艺的熟练掌握相辅相成。尽管她的大部分工作都难以再现，但后世的炼金师还是尊崇她的思想，肯定了她发明蒸馏瓶的贡献。玛丽亚的蒸馏方法虽然不涉及酒精，但却得以延续，并最终被推广开来。阿拉伯人翻译了许多关于埃及蒸馏方面的文稿。受到伊斯兰启蒙运动的影响，蒸馏知识得到完善并被运用到酿酒中。

贾比尔·伊本·哈扬[5]（Jabir Ibn Hayyan）是一位虔诚的穆斯林，是使用文字记录如何将酒精分离出来的第一人，于公元 815 年溘然长逝。“alcohol”（酒精）一词实际上源自阿拉伯语“al-kuhl”（蒸馏液）。

在中国唐代（618—907），一些嗜好喝酒的诗人写下了许多诗篇，赞誉中国的蒸馏技术。诗人白居易（772—846）在其诗中曾提及喝烧酒，即“烧制而成的酒”。生活在同一朝代的另一位吟游诗人雍陶通过诗歌表达了自己对成都地区烧酒的无限喜爱。按照最保守估计，在哈扬离世 26 年后，中国的白居易就喝到了酒，而在其离世 400 年后，欧洲的拉蒙·拉尔（Ramón Lull，下文我们会进一步讲述这个人）才开始创建蒸馏室。与 400 年相比，26 年微乎其微。大约在公元 6—7 世纪，中国人通过冷冻发酵饮料制成原始的烈酒。在这两位饮酒者的诗歌中，烈酒的烧制演化为“烧酒精”，虽然无法仅凭两位诗人下定论，但也不是完全不可信。烧酒可能指用于产生馏出液的蒸馏方法。丝绸之路始于汉代（前 206—

220），是蒸馏知识传入中国的交通要道。即便蒸馏已经在当时的中国出现，也确定尚未普及。馏出液流行开来在途径上是通过宋代（960—1279）的丝绸之路，在时间上则是从元代（1271—1368）开启。根据明代（1368—1644）李时珍《本草纲目》中的记载，“烧酒非古法也，自元时始创其法”，蒸馏酒始于元代。

发酵和蒸馏技术的融合创造出了独特的烈酒。白酒颇受农民的欢迎，因为他们喝不起上流社会饮用的黄酒，只能选择这种更强劲、更实惠的酒。随着蒸馏技术的发展，不同的省份研发出不同的酿酒方法，因此不同的白酒口感各具特色。谷物的数量变化会引起曲成分的差异。人们发现，经过多孔陶罐的陈化，白酒更加辛辣醇香，遂普及开来。陶瓷罐就像木桶一样，保证氧化作用的发生，从而酿成口感顺滑的酒。对于高度酒来说，这一点尤其重要。各种酒的混合也成为品质的标志，最好的白酒就像干邑一样，由 50 多种不同的罐装蒸馏酒组成。这些风味得以传播，并且在不同地区形成不同的特点。即使在国家垄断生产的时期，家庭也会适度运用酿酒术，或者偷偷地使用秘方。

## 含有旧时烈酒主要成分的当代烈酒

直到 20 世纪，这种烈酒仅仅在农民阶层中小范围发展。由于国家对酒精生产的垄断，生产商之间即使存在技术差距，也鲜有金融方面的优势。国家垄断也为并购微小企业做出了很大的贡献。1912 年，清帝下诏退位，中国 2000 多年的封建帝制就此终结，事态发生逆转。

白酒行业的企业家敏锐地察觉到了商机。1915 年，“茅台”和“杏花村”这两个品牌的酒在旧金山“巴拿马太平洋万国博览会”上斩获佳绩。然而，1927 年后连年的战争对酒业的发展产生了巨大的破坏作用。新中国成立初期，国家将酒精生产国有化，中断了具有竞争性的商业发展。尽管这一政策对企业影响很大，但正是生产方法的书面化和标准化，酒的质量才得以提升。

1949 年中华人民共和国成立时，当时的国家领导人选择茅台酒作为开国大典宴会用酒。周恩来总理大力称赞贵州茅台酒，并将其列为贵宾宴会的指定酒。人们的饮酒方式也随之发生变化。中国人很重视礼品的甄选，尤其是酒。由于葡萄酒的供应严重短缺，白酒成为商务和社交的理想之选，一度成为政治场合的标配，特别是 1972 年理查德 · 尼克松（Richard Nixon）访华及巴拉克 · 奥巴马（Barack Obama）任职访华期间。

到目前为止，白酒仍然是中国排名第一的烈性酒，其销量让其他类型的酒望尘莫及。虽然白酒在中国一直享有盛誉，但在世界其他地方却鲜为人知。然而，近来情况发生了变化，在许多国家和调酒师的后排酒柜上都出现了这种强劲的酒，他们在调制鸡尾酒时尝试使用白酒。鉴于“帝亚吉欧”（Diageo）、“保乐力加”（Pernod Ricard）、“酩悦 · 轩尼诗 – 路易 · 威登”（Louis Vuitton Moët Hennessy）和泰国酿酒（Thai Beverage）等行业巨头迫切地希望收购一些知名生产商，白酒市场占有率有望进一步扩大。白酒的历史可以追溯到数千年前，其浓郁、卓越的风味使其在世界舞台上脱颖而出。展望“烈酒鼻祖”白酒的未来，让人振奋不已。

两人对酌山花开，一杯一杯复一杯。
我醉欲眠卿且去，明朝有意抱琴来 。

**李白**

# 调酒师力荐

## 快速通道

### 43° 香港白酒

这款由 5 种谷物酿制而成的白酒不容错过。高口感度、低醉酒度更令人难以抗拒。懂行的人都知道，这种酒兼有梨子糖与成熟香蕉的甜蜜口感，带有利口酒[6]的味道。

## 酒柜必藏

### 42° 女娲红星酒

红高粱白酒芳香淡雅。我认为红高粱白酒与格拉巴酒的口感颇为相似，但我夫人对此持怀疑态度。红高粱酒的整个酿造过程自始至终香气馥郁，这种酒的度数不高，（对于部分人来说）适量饮用，能让人心情愉悦。

# 酒中精品

## 53° 贵州茅台酒

如果您很享受这一趟饮酒之旅，那么请尽力与我继续前行，一探究竟。茅台酒固然口感醇香，但并不建议一开始就选择茅台酒。这种由高粱酿造的酱香型白酒源于中国的酱酒圣地——茅台镇。茅台酒的酱香和醇香与上等黑啤的香浓可可咖啡味相似。

# 调配白酒的三种方式

# 3 WAYS TO DRINK BAIJIU

**配方 1**

25 毫升香港白酒
25 毫升伏特加酒
25 毫升柠檬汁
25 毫升糖浆
（水与糖的比例为 1:1）

## 金鹰列车

› 冷却高脚玻璃杯。
› 加入所有原料，并剧烈摇动 12—15 秒。
› 剔除酒杯中的冰块，将饮品过滤两次，然后倒入酒杯中。
› 饰以柠檬片（挤压柠檬片，果皮面朝下）。

**配方 2**

20 毫升白酒（红星二锅头）
25 毫升中国大吉利利口酒
25 毫升都灵科奇苦艾酒

## 红金相间的尼克罗尼鸡尾酒

› 将所有成分添加至搅拌杯中。
› 加冰并搅拌直至可口。
› 然后过滤至岩石杯中。
› 加入干净的冰，并饰以橙皮。

**配方 3**

20 毫升香港白酒
20 毫升绿色查特酒
10 毫升苏士酒
10 毫升利莱酒
2 滴橘子汁

## 精致的白酒

这种低度（43°）白酒中的甜梨与其他成分的药草和苦味搭配完美。

› 冷却高脚杯。
› 将所有成分添加到搅拌杯中。
› 加冰并搅拌直至可口。
› 剔除酒杯中的冰块，然后将饮品过滤到杯中。

我想只要喝了足够多的茅台酒，
我们就能解决一切问题。
（在一次外交访问时，基辛格幽默地说。）

**亨利·基辛格**
(HENRY KISSINGER)

# 逸闻轶事

“干杯”一词意为“喝干”，与英语单词“cheers”意义相近。宴会上，人们常会说“干杯”。敬酒礼俗繁多，包括如何回敬酒。有意思的是，在中国，在主人家喝醉不会被视作没有礼貌，反而被视作对主人盛情款待的肯定。

在市场文化方面，白酒与威士忌旗鼓相当。在2010年，一瓶1958年的茅台酒价格飙升至145万元，这主要是因为当年中国小麦产量锐减，制酒行产业受到影响，因此那一年的茅台酒产量极低。

找酒喝，得去中国。据悉，2012年，中国白酒的产量是伏特加的两倍多。

译注：

1. 法国滨海夏朗德省(Charente-Maritime)的省会。
2. 中国酿酒界有一句老话，叫作“曲定酒香”。
3. 长子口墓，位于中国河南省鹿邑县。
4. 中国公认的两大酒神，一个是杜康，另一个是仪狄。
5. 贾比尔·伊本·哈扬是一位著名的穆斯林博学者、化学家、炼金术士、天文学家、占星家、工程师、地理学家、哲学家、物理学家、药剂师和医生。
6. 以蒸馏酒（白兰地、威士忌、朗姆酒、金酒、伏特加）为基酒调配，并经过甜化处理的酒精饮品。

# 干 邑

# COGNAC

干邑白兰地的诞生是一个喜忧参半的故事。尽管白兰地的各类品种享誉全球，但干邑白兰地（以下简称“干邑”）的显赫地位却是无可比拟的。有意思的是，干邑的全球盛行之路虽不乏好运的垂怜，也时有灾难的考验。形成适合栽培特定品种葡萄的土质耗时长达数十亿年的时间，从那时起，干邑就经历了种种痛楚和喜悦。宗教斗争、饥荒和瘟疫不仅殃及国民和葡萄藤，还影响到了干邑的酿造。干邑度过种种难关，勇往直前，其实力不言而喻。

## 什么是干邑

所有的干邑都是白兰地，但并非所有的白兰地都是干邑。白兰地酒是通过蒸馏发酵果汁、果皮或水果种子而成的，而干邑白兰地由葡萄汁发酵而成。白兰地至少含有 90%的白玉霓（白兰地中最常见的葡萄）、白福尔、鸽笼白，或由以上各类葡萄品种混合而成。只有拥有葡萄园的法国夏朗德省科涅克地区才能够生产干邑。科涅克镇有 6 座葡萄园，其土质各具特色。根据土质的等级（由高到低），这些产区被分割为大香槟区、小香槟区、

边林区、优质林区、良质林区和普通林区。干邑由不同酒龄、不同产区的白兰地混合而成。干邑中的白兰地通常源自不同产区，但也可以来自同一地区，被称为“单一产区”。混合 20—60 年的陈年烈酒的情况并不少见。只有由大香槟区和小香槟区生产的白兰地调配而成的白兰地才称得上“优质香槟”。白兰地大致被分为三个等级：第一级为 V.S，即三星级，勾兑时原酒的最低酒龄至少为 2 年；第二级为 V.S.O.P，勾兑时原酒的最低酒龄至少为 4 年；第三级为 X.O，酒龄很长的陈年白兰地，被称为“精品”或“极品”，勾兑时原酒的最低酒龄至少为 10 年 *。

## 葡萄酒和葡萄酒神简史

大约在 7000—8000 年前，最具文化意义的一种水果的驯化开始了。据悉，欧洲葡萄（Vitis vinifera）最早种植于格鲁吉亚，然后逐步传入周边地区。伊朗出土了公元前 5400—前 5000 年的酒罐。随着时间的积累，酿酒的工艺日趋精良。陈酿葡萄酒的价值在埃及和希腊文明中备受肯定——这一传统自干邑白兰地诞生伊始至今已经延续了 3000 多年。酒在敬拜神灵时必不可少，与酒的关系最为密切的神灵当属狄俄尼索斯（Dionysius）[1]。

后来，罗马人将狄俄尼索斯尊称为“酒神巴克斯”（Bacchus），并对其进行敬拜。巴克斯早在公元前 1500 年就被当作生育之神和葡萄酒之神。狄俄尼索斯是宙斯（Zeus）和凡人塞墨勒（Semele）的私生子。当狄俄尼索斯还在塞墨勒腹中之时，宙斯喜欢嫉妒的妻子赫拉（Hera）

*2018 年，用于勾兑 X.O 的原酒的最低酒龄要求从 6 年增至 10 年。

怂恿怀有身孕的塞墨勒向宙斯提出要看宙斯真身的要求，以验证宙斯对她的爱情，结果塞墨勒被活活烧死，其腹中的胎儿狄俄尼索斯幸免于难，后来胎儿狄俄尼索斯被缝在宙斯的大腿上继续妊娠。狄俄尼索斯出生后，赫拉仍然对宙斯的这段婚外恋耿耿于怀。她命令泰坦（Titans）将年幼的狄俄尼索斯撕碎开来。后来，瑞亚（Rhea）将狄俄尼索斯重新复活，并将其安置在一群仙女之中，狄俄尼索斯这才得以平安长大。这种死亡与重生象征着葡萄树的生命周期，葡萄树在寒冷的冬季枯萎，但会在春天复苏。

如今，亚洲、欧洲和美洲的葡萄种类多达 80 种，其变种多达 1 万余种。仅在法国，就有约 1300 个不同品种（包括杂交体，即为了获得优良品质，将一种葡萄与另一种葡萄进行嫁接的品种）。

## 最佳的白兰地产地

科涅克镇位于夏朗德河畔，该河从罗什福尔市[2]附近的河口向西北流入大西洋，两岸土壤富含石灰石。用河水制成的纯净水稀释了浓烈的白兰地（亦称“生命之水”）。早在 430 年，当人们还没有开始饮用白兰地时，该河流就成为当地众所周知的食盐贸易要道，当地的盐以极强的防腐性而声名远播。

温暖的天气是种植葡萄的理想条件。几个世纪以来，一种名为“鸽笼白”的葡萄酒因口感强劲、风味醇香而盛行。

饮酒的缘由有五个：
挚友到访、此刻想喝酒、未来想喝酒、
特级干邑白兰地及其他理由。

**W.C. 菲尔兹**
(W.C.FIELDS)

到了 12 世纪，法国夏朗德省拉罗谢尔市已成为葡萄酒贸易的重要交通枢纽，但交易过程时有波折。尽管客观环境无可挑剔，但葡萄酒贸易仍然发展缓慢。1154—1453 年英国统治法国阿基坦大区期间，两国摩擦不断。葡萄园在战争期间屡遭摧毁。1348—1445 年，黑死病席卷欧洲，大量的法国人染病死亡。农场主们死于瘟疫，农作物也因无人看护而凋残。白兰地名闻遐迩的声誉不时受到战争和疾病的影响。

在英法关系困扰着夏朗德地区的葡萄酒商的时候，身为第一批蒸馏酒生产商的拉蒙·拉尔已经开始了精心的布局。13 世纪 30 年代，拉尔出生在穆斯林统治下的马略卡岛，他因宗教信仰的要求而掌握了拉丁语和阿拉伯语。晚年的拉尔在研读阿拉伯文的过程中发现了蒸馏的奥秘，并据此酿造葡萄酒，使之成为欧洲最早记载的白兰地。在 1274—1275 年，拉尔被传唤至蒙彼利埃市，也许是在那里与阿拉伯学者兼医生阿纳尔多·德·维拉诺瓦（Arnaldo de Villanova）邂逅，维拉诺瓦开始将白兰地作为一种药物进行推广，故而直至 13 世纪后半叶，烈酒才在法国出现。因为拉尔和传教士周游各地，所以堪称灵丹妙药的白兰地开始悄然盛行，不久白兰地便家喻户晓。

1494 年，未来的国王弗朗索瓦一世（François I）在科涅克镇诞生，因为这层关系使得科涅克镇的白兰地享受到了税收优惠政策。到了 16 世纪 50 年代中期，夏朗德地区开始出口名贵的葡萄酒，由于其口味甘甜而在低地国家[3]备受欢迎。沿海地区的葡萄酒商所种植的葡萄的口感不及鸽笼白葡萄。矛盾的是，用鸽笼白葡萄酿造的葡萄酒口感强劲，但其酿成白兰地却略显清淡。精选葡萄酒被称为“干邑白兰地”，与沿海地区的白兰地一同从罗什福尔市和拉罗谢尔市通过荷兰商船运输出去。

多年来，荷兰人对干邑的发展做出了巨大贡献。荷兰人的蒸馏工序多在西海岸的港口完成。在 16 世纪末，当荷兰商人销售含有来自邻国的白兰地的葡萄酒时，他们帮助传播了科涅克销售优质白兰地的信息。荷兰酒商多将法国的葡萄酒作为白兰地酒或烧酒出售，“白兰地”一词应运而生。

## 逆境中的不凡成就

法国的宗教战争（1562—1598）导致备受皇室推崇的天主教和胡格诺派新教徒[4]对峙，这一僵局一直持续了数个世纪。即使在这些战争期间，新教徒生活的夏朗德地区仍然得以发展。内陆地区的商人杰汉·斯那金（Jehan Serazin）看好干邑白兰地，满心期望加入沿海的烈酒贸易。1571 年，他在夏朗德创办了最早的蒸馏厂，被誉为“酿造生命之水的人”。大批荷兰商人加盟夏朗德家族企业，并利用其位于河流两岸的地理优势开始生产白兰地。到了17 世纪 20 年代，尽管在法国和荷兰(已经进入“八十年战争”[5]的第 50 个年头）存在宗教抵触，拉罗谢尔市在当时仍是一座贸易兴盛的大都市。

干邑贸易商行最早出现在夏朗德地区。其中一些历经艰辛，最终成为发展的基础。菲利普·奥吉尔（Phillipe Augier）于 1643 年创办的交易商行就是其中之一，虽饱经 370 年的沧桑，却在 2013 年被保乐力加收购。17 世纪下半叶是一段艰难困苦的时期，1648—1652 年的弗朗德叛乱期间，夏朗德地区的大多数新教徒奋起抵抗天主教统治。有趣的是，因为科涅克镇是屈指可数的没有发生叛乱的城镇之一，所以获得了免税奖励。

1678 年，“Cogniacke”一词在英国人尽皆知，但干邑的生产在 1685 年被叫停。当时，在法国领土上成为新教徒是非法的。夏朗德地区的许多新教徒身份的商人逃往荷兰、英国等国避难。但仍有 100 多万新教徒被困法国，他们一旦身份暴露，就会惨遭杀害。难以置信的是，这一磨难反而促进了干邑的进一步发展。身处异国他乡的夏朗德地区新教徒不辞辛劳地推广家乡的干邑。劳动力的锐减导致干邑的产量缩减，一度出现供不应求。到了 18 世纪 20 年代，尽管市面上大多数的干邑都是无色的，但为了与新出现的朗姆酒和杜松子酒争夺市场，也出现了一些金色的干邑。

随着时间推移，尽管干邑销量的增长使市场有所缓和，但 18 世纪 50 年代的殖民统治失败引发了法国经济的动荡。18 世纪，爱尔兰人和英国人定居者入侵夏朗德地区，意图插手日益增长的白兰地贸易。其中一些人的名字在今天仍然很有名，比如来自爱尔兰科克郡的理查德 · 轩尼诗（Richard Hennessey）于 1765 年创建了自己的酿酒厂，来自英国多塞特郡的托马斯 · 海因（Thomas Hine）是轩尼诗的女婿。18 世纪 90 年代，轩尼诗离世，海因接班，并将公司改名为“海因”，为家族王朝的繁荣奠定了坚实的基础。

## 改良、地域与繁荣

由于拿破仑战争中的海军封锁，酒的销量一再下降，截至1819年，83%的干邑出口到英国。此外，酒窖里的酒历经整个战争岁月的沉淀，愈陈愈香。在英国，这些烈酒被戏称为“拿破仑白兰地”。英国政府于1826年对法国进口商品征收关税，遏制白兰地的消费。虽然这在短期内一度抑制了干邑销量的增长，但却大大提升了干邑的声望。罗伯特·皮尔（Robert Peel）在19世纪40年代降低税收，在40年代末，干邑销量猛增。巧合的是，彼时正值埃涅阿斯·科菲（Aeneas Coffey）的连续蒸馏器的使用商榷期。1791年，为了保证干邑的质量，位于科涅克镇的各家酒厂同舟共济， 这种情感就如同爱尔兰民族对其精湛的蒸馏技艺深以为傲。 科涅克镇的酒厂在19世纪50年代制酒工艺精良，这一点毋庸置疑。19世纪50 年代，干邑的仿制品在市场上盛行，但彼时有一个人对酒的研究为干邑提供了一种全新的定义，从而帮助人们有效辨别仿制品。

地质学教授亨利·高更（Henri Coquand）对科涅克镇的土质及这种地域特征与当地的烈酒之间的关系颇感兴趣。他与一位烈酒品酒师同行，骑马考察科涅克镇。根据不同土壤的特质，高更对其可能导致的酒味差异做出相应的预测。不可思议的是，从酒窖归来的品酒师证实了高更的预测。1858年，人们基于高更的研究绘制了一份地图。

## 葡萄藤的凋零

根瘤蚜虫是一种肉眼不可见的害虫，以脆弱的藤本植物的根为食。19 世纪 70 年代初期，美国引进了这种害虫。根瘤蚜虫摧毁了法国的葡萄，当地的葡萄对这些蚜虫同族没有抵抗力。到了 1880 年，法国南部的葡萄园数量锐减。在 1875—1900 年，近半数的法国葡萄栽培受到影响，包括科涅克镇。法国慢慢意识到问题的严重性，对提供解决方案的现金悬赏从 1870 年的 2 万法郎提升至 1874 年的 30 万法郎。

植物学家儒勒·埃米尔·普兰琼（Jules Émile Planchon）推断根瘤蚜虫源自美国。1873 年，他在美国纽约与昆虫学家查尔斯·赖利（Charles Riley）邂逅，他们共同罗列出抗根瘤蚜虫病的葡萄品种，其中包括沙地葡萄、河岸葡萄和冬葡萄。前两个品种与科涅克镇酿造干邑的葡萄嫁接后，由于根部不适应高浓度的白垩，出现了萎黄病。藤蔓出现枯萎泛黄的现象，葡萄也随之枯萎。根瘤蚜虫病持续困扰着科涅克镇的葡萄。

1887 年，葡萄品种学家皮埃尔·维亚拉（Pierre Viala）到访美国，并在那里与葡萄酒商托马斯·蒙森（Thomas Munson）相遇。蒙森知识渊博，多次勘探过得克萨斯州的诸多地方，对葡萄栽培兴趣浓厚，求知欲极强。在蒙森的引导下，维亚拉接触到冬葡萄，该品种的葡萄既抗根瘤菌，又能够很好地适应科涅克镇的白垩土质。为了纪念蒙森所付出的努力，位于得克萨斯州的丹尼森市和科涅克镇结成了姊妹城市。

## 20 世纪和未来

20 世纪的头 10 年是干邑白兰地制酒业的转折期。最终，在度过根瘤蚜虫的艰难期之后，酒厂开始创立自己的白兰地品牌。1936 年，干邑白兰地受到“法国原产地命名控制”[6]制度的保障，有效地打击了冒牌货。最终，“白玉霓”在与“白福尔”和“鸽笼白”的竞争中胜出，它具有抗霜冻的特质，许多人认为“白玉霓”更利于保持利穆赞橡木桶风味。除了因劳动力耗尽或高出口关税导致的战争引发的动荡外，干邑发展稳定，直到 20 世纪 70 年代，一系列贸易战导致干邑销量滑坡。20 世纪 90 年代，贸易逐步稳定，中国和日本市场成功推动了该行业的发展。

干邑面对逆境一直表现可嘉。如今，干邑酒庄重新定位了 XO，将贮存时间限制从 6 年延长至 10 年，以进一步吸引鉴赏家市场。尽管科涅克镇面积不大，但青睐这里的干邑的粉丝众多。从伦敦西区的老男孩俱乐部到布鲁克林的嘻哈俱乐部乃至更远的地方，干邑备受追捧。杰斯（Jay-Z）甚至拥有高级白兰地品牌——D’USSÉ。美国说唱界似乎已经采纳了这种贵族精神，但干邑的知名度远远超出了说唱界。美国是世界上消费干邑最多的国家，中国也与干邑关系密切。在中国和北美，人们在酒吧和俱乐部都会饮用干邑。与美国人在家饮用干邑不同，中国人通常在商务活动或庆祝宴会上饮用。为了建立稳定的人际关系，人们买酒作为礼品赠送给业务伙伴、朋友或家人，这已然成为一种社交惯例。有趣的是，法国当地人习惯将干邑与补品一起饮用。但在干邑爱好者看来，这是一种亵渎。生产商对质量的不懈追求使干邑跻身白酒行业的“贵族”行列。长此以往，干邑在烈酒领域龙头老大的地位不容动摇。

# 调酒师力荐

## 快速通道

### 40° 拿破仑干邑

调酒时，“拿破仑”是我的必选。“拿破仑”成分丰富、口感强劲、平衡感较强，在用作调配鸡尾酒时也能保持较强的稳定性。

## 酒柜必藏

### 40° 御鹿特级白兰地

即使尝试一小口上等的御鹿香槟，也能感受其醇香与顺滑。

# 酒中精品

### 40° 上等香槟干邑

在晚餐后用手焐热杯子再喝，40° 上等香槟干邑值得一品。除非有特等调配原料，否则切勿将其与其他酒混合。

调配干邑的
三种方式
3WAYS TO DRINK COGNAC

## 迷雾切割器鸡尾酒

**配方 1**

20 毫升白兰地
20 毫升杜松子酒
20 毫升金朗姆酒
25 毫升菠萝汁
25 毫升柠檬汁
12.5 毫升杏仁糖浆
12.5 毫升加了冰激凌的雪莉白葡萄酒

初衷是调制橙汁儿，但是我每次都会添加少许菠萝汁。

› 将所有原料（雪利酒除外）添加至摇壶。

› 使劲摇晃 12—15 秒。

› 将饮品过滤两次，倒入白兰地杯中，并加满碎冰。

› 倒入加了冰激凌的雪利酒，并饰以菠萝叶。

## 法国老广场酒

**配方 2**

20 毫升特级白兰地
20 毫升黑麦
20 毫升都灵味美思鸡尾酒
7.5 毫升修士酒
2 滴贝萨梅颂苦精
2 滴安格斯特拉苦酒

VIEUX CARRÉ 在法语中意为“旧广场”，对新奥尔良是一种诱惑。这种酒发明于蒙特莱昂酒店，威廉·福克纳（William Faulkner）、杜鲁门·卡波特（Truman Capote）和田纳西·威廉姆斯（Tennessee Williams）等人经常光顾这家酒店。

› 将所有成分添加至搅拌杯中。

› 加入方冰搅拌，稀释至可饮用的状态。

› 过滤至岩石杯中，并加入干净的冰块。

› 饰以厚橘子皮。

**配方 3**

## “蛇之吻”鸡尾酒

20 毫升白兰地
20 毫升苹果白兰地
20 毫升野牛草伏特加
25 毫升柠檬汁
15 毫升啤酒糖浆 *（我尝试过眼镜王蛇酒）
1 个鸡蛋的蛋清
2 滴贝萨梅颂苦精

› 冷却鸡尾高脚杯。

› 将所有成分加入摇壶。

› 干摇以乳化蛋清。

› 用力湿摇 12—15 秒。

› 剔除酒杯中的冰块，将饮品过滤两次，然后倒入酒杯中。

› 装饰两滴苦精，形似被蛇咬过的痕迹。

* 低温加热啤酒，浓缩至原体积的 1/3，加入等份额的白糖至溶解。

男孩喝红酒，男人喝波特；
要想当英雄，就喝白兰地。

**塞缪尔·约翰逊**
(SAMUEL JOHNSON)

他喝的两杯饮品中是否
就是路西法（Lucifer）的橙汁儿?
那是铎世 (Dusse) 白兰地,
欢迎了解其不为人知的一面。

杰·兹
(JAY Z)

# 逸闻轶事

科涅克大香槟区和小香槟区与起泡酒无关，而是源于法语 champagne，旧时指“乡村”。此后，具有乡村背景的“champagne”演化成拼写相似的“champagne”一词。

干邑白兰地市场在很大程度上依赖于出口。法国 93%的干邑被销往海外。实际上，在法国，苏格兰威士忌的月销量比干邑年销量还高。

17 世纪 60 年代，为了组建保卫装载“生命之水”等商品的货船的舰队，法国不惜砍伐了数万棵树。后来，因为陈酿干邑所需的木桶，法国人种植了许多的利穆赞橡树用以制作酒桶。

译注：

1. 古希腊神话中的酒神。
2. 罗什福尔市，位于法国西南部普瓦图 - 夏朗德大区滨海的夏朗德省，为夏朗德河上的港口。
3. 低地国家，包括荷兰、比利时和卢森堡，尤用于旧时。
4. 胡格诺派，“Huguenots”原意“日内瓦宗教改革的追随者”，在政治上反对君主专制。于 1562—1598 年与法国天主教派发生胡格诺战争。
5. “八十年战争”发生于 1568—1648 年，是尼德兰联邦清教徒反抗西班牙帝国统治的战争。
6. 法国对出产于本土的农产品标注其产地名称的一个法律保障体系，是欧洲原产地命名保护（AOP）标志的一部分。

# 伏特加

# VODKA

即使不喝伏特加酒的人也知道，世界上任何一家酒吧不可能没有伏特加酒。尽管伏特加酒已在斯拉夫国家存在了数百年，但直到近期才在世界舞台上大放异彩，并迅速成为全球最受欢迎的烈酒之一。在伏特加经久不衰的背后，由于国家（地区）的历史差异，伏特加的发展历程各不相同。从垄断药物到重要的文化交融中介，伏特加既象征着友善，又标志着憎恶。生产商试图通过精制和去糟来获得最纯净的伏特加酒。伏特加酒的历史在许多方面反映了其酿造精神。

## 什么是伏特加

伏特加酒通过蒸馏农作物发酵而成。商业化的伏特加酒通常是从小麦、黑麦及马铃薯等谷物中提取的。纵观历史，只要是人可以想到的一切农作物，基本上都可以用于酿造伏特加酒。生产者常常选用不同的水果、蔬菜或谷物，比如大米、藜麦和甜菜。

伏特加酒大多通过精馏提纯，通过多次去除馏液中的杂质以尽可能提高乙醇的纯度。蒸馏过程的开始和结束阶段产生的物质是糟粕，它们的沸点各不相同，乙醇的沸点最高，可达 78.37°C。伏特加蒸馏后仍需过滤，大多数生产

商选择用活性炭过滤伏特加酒。但随着酒的普及，有的人使用椰子壳、石英晶体、专用滤纸和金刚石进行过滤。伏特加酒的生产与其他类型的酒一样，生产商也通过勾兑水来降低酒精浓度。由于伏特加酒在瓶装时并未陈化，所以其口感主要由酿酒原料、馏出液的纯度以及用于勾兑的水质来决定的。为了提高伏特加酒的质量，一些生产商开采特殊地理位置的水源，包括山泉、火山熔岩田和富含石灰石的井。如果对这些水源不太满意，他们会进一步净化这些水质。

## 欧洲基督教徒的黑麦与蒸馏

黑麦被归类为黑麦属谷物，是一种草，属于谷类家族。黑麦原产于土耳其东部，据悉最早在公元前1800—前1500年种植。最初，因为黑麦比小麦或大麦味苦，所以并不被看好。但是，黑麦生命力极强，即使在极端恶劣的气候条件下也能够生存。逢雨雪天气，只要温度在0℃之上，黑麦都能正常生长，故而一度成为寒冷气候中的首选农作物。波兰、乌克兰、白俄罗斯、立陶宛、拉脱维亚、爱沙尼亚和俄国都种植黑麦，黑麦一度成为这些国家的主要农产品。

在烈酒传入东欧之前，大多数人只喝由黑麦或蜂蜜酒制作而成的啤酒。1405年，波兰烈酒首次出现，因为波兰比俄国更靠近蒸馏知识起源地意大利，所以波兰人比俄国人更早蒸馏出烈性酒。如此看来，现实与史书记载基本一致。

到了15世纪30年代末，来自莫斯科的代表团出席了天主教会在意大利举行的大公会议，他们参观了佛罗伦萨和威尼斯。如果代表们不了解具有药物疗效的伏特加酒，就会有人进行详细的介绍。事实上，蒸馏技术早已传入莫斯科，15 世纪 70 年代，蒸馏酒还曾因为影响力过大而被限制生产。伊凡三世亲王（Prince Ivan III）颁布法令，实行国家垄断，而东正教教堂享有唯一豁免权。

波兰统治者的立场则截然不同，从这个角度看，波兰人可以说是幸运的。1546 年，扬 · 奥尔布拉赫特国王（Jan Olbracht）下令，任何纳税公民都享有自由蒸馏的权利。虽然伏特加酒最初通常是用多余的大麦、燕麦和小麦制成，但黑麦是其目前最常见的成分。马铃薯是在 15 世纪从秘鲁引入欧洲的，最初只有在迫不得已时才被用于酿酒。然而，到了 18 世纪 50 年代，马铃薯在波兰被广泛用于酿造伏特加酒，但俄国并没有出现这种情况。

在俄国和波兰，最初的烈酒都会添加香草、浆果、蜂蜜或香料调味。这在某种程度上说明了人们已将这种烈酒与药剂联系起来了。添加剂不仅使酒味更佳，还可以尽可能地除去馏出液中的杂质。为了提高纯度，伏特加酒的酿造者会进行多次蒸馏（远远超过当时的其他酒商），并对蒸馏所得物进行多次过滤。

1547 年，伊凡四世（Ivan thee Terrible）成功加冕，成为俄国历史上的第一位沙皇。与波兰统治者不同，他下令只有国家的酒馆才有权出售伏特加酒，而此前就已经规定了只有国家才可以生产酒。伏特加酒在私人和公共场合中发挥了重要作用。伊凡年轻时玩世不恭，狐群狗党醉酒后常常不是寻衅滋事，就是强奸妇女，干尽伤风败俗之事。值得庆幸的是，伊凡在加冕后与阿纳斯塔西娅（Anastasia）公主成婚，妻子令其改过自新，他的性格变得温和了许多，此时的伊凡是有望成就一番事业的。可惜好景不长，阿纳斯塔西娅不久就过世了，而伊凡断定这是一场谋杀。悲痛不已的伊凡通过喝伏特加酒寻找慰藉，不久就变得和之前一样狂躁。那些有幸面见伊凡的官员，因为拒绝陪其喝酒而遭到酷刑和死亡的威胁。

## 嗜酒的彼得一世

17 世纪 80 年代，距伊凡（Ivan）时代 1 个世纪后，正值青春期的彼得（Peter）光是一顿早餐就能喝光一品脱伏特加酒和一瓶雪利酒。后来，在 1697—1698 年，彼得微服私访欧洲，随行的还有 250 名大使。彼得喝完的酒瓶往往堆积如山。早晨从一瓶白兰地和一瓶雪利酒开始，在接下来的一天时间里还要饮用 8 瓶葡萄酒。凡彼得所到之处，东道主不仅要替其支付高额的酒费，还要忍受其无情的戏弄。彼得于 1697 年访问威廉三世（William III），结果激怒了这位英格兰国王。彼得的宠物猴在彼得喝酒和用餐时都会在其椅背上贴身陪伴。不幸的是，这只顽猴冲撞且抓伤了威廉三世。

尽管彼得嗜酒如命，但却颁布了一系列系统的现代化改革方案。通过向经验丰富的荷兰和英国军官学习，彼得发展了海军舰队。为了增强国力，彼得还推行了一系列科学执政的思想体系。唯一能够与其对酒的痴迷相提并论的只有他对治国的热情。尽管他仍旧不停地光顾各种酒会，但他工作起来可谓呕心沥血。因其宠臣大多能喝酒，故而被戏称为“疯狂、烂醉、俏皮组合”。他们甚至还制定了详尽的惩罚条令，比如受惩罚者必须喝光“大鹰号”（一种需要用双手才能托起的 1.5 升的大酒器）中的伏特加酒。

## “伏特加”名字的内涵和纯度的精进

起初，这种烈酒在俄国王室并不太受欢迎。在 200—300 年的时间里，最终，我开始觉得伏特加正合我胃口……
它就像吞剑者的剑似的直冲入我的胃，
我顿时觉得被赋予了力量，
好似神仙。

**西尔维娅·普拉斯**
(SYLVIA PLATH)

人们对于烈酒的态度发生了逆转，从避之不及转变为爱不释手。“vodka”一词源于斯拉夫语“voda”，原意指水，无疑反映了这种喜爱的态度。读过托尔斯泰（Tolstoy）小说的人都会知道，俄国人常因喜爱而赋予一个人无数爱称。“vodka”是“voda”的昵称，但它的含义并不指“小”，而是表示一种爱慕，表达“温柔的爱”。1751 年，“vodka”一词初次被使用，伊丽莎白一世（Tsarina Elizabeth I）[1] 当时颁布了一项《谁能拥有蒸馏伏特加酒的资格》（*Who is to be Permitted to Possess Vats for the Distillation of Vodka*）的法令。

伏特加酒自更名后便如鱼得水，地位一再提高。凯瑟琳大帝（Catherine the Great）是俄国文化的推动者。1765 年，她取消伏特加酒生产的国家垄断地位，俄国精英家庭第一次开始自行蒸馏由谷物制成的烈酒。这一政策加剧了酒厂之间的竞争，促使他们可以生产出一些迄今为止最优质的俄国伏特加酒。她很自豪地向世界推广俄国人民的智慧结晶，并将俄国伏特加酒的样品赠送给欧洲的上层社会人士。德国古典哲学家伊曼纽尔·康德（Immanuel Kant）、德国作家约翰·沃尔夫冈·歌德（Johann Wolfgang Goethe）、法国启蒙思想家伏尔泰（Voltaire）、瑞典古斯塔夫三世（Gustave III）和普鲁士腓特烈大帝（Frederick the Great）都是俄国纯粹烈酒的接受者和仰慕者。在 18 世纪 70 年代，从事生物分类学的博物学家卡尔 · 林奈（Carl Linnaeus）发现了俄国伏特加酒的“魔力”。令人不解的是，尽管伏特加酒深得这些社会名流的喜爱，但直到 20 世纪才逐步进入市场。

## 革命、流亡与人民的麻醉剂

拿破仑战争期间（1803—1815），俄国士兵被派往欧洲各地的驻地。无论到哪里，他们都会携带伏特加酒。虽然白兰地、苏格兰威士忌等酒在欧洲都很流行，但伏特加酒从未真正盛行。这可能是由于伏特加酒口味平淡——其他国家的士兵已经习惯了浓烈的白兰地、杜松子酒或朗姆酒。

在 19 世纪 60 年代，俄罗斯有名的“伏特加大王”彼得 · 斯米尔诺夫（Piotr Smirnov）创建了一家伏特加酒厂。这座酒厂历经坎坷，最终产品遍布全球市场。他生产的新伏特加酒经过了活性炭过滤、多次蒸馏，据说可以达到零杂质。斯米尔诺夫的伏特加酒很快在罗曼诺夫王朝（Romanov Court）中备受追捧，彼得将这一充满希望的家业遗赠给了他的儿子弗拉基米尔（Vladimir）。但弗拉基米尔没有他父亲那样的好运，1914 年，该州禁止生产伏特加酒。

1917 年，俄国十月革命爆发，推翻了资产阶级临时政府，建立了苏维埃政权。新政权认为，酒精是一种麻醉剂，会使大众神志不清，随后在全国范围内推行禁酒令。弗拉基米尔设法逃脱了逮捕得以幸存，最终被流放至君士坦丁堡，他带着自己的资源并试图东山再起。计划失败之后，弗拉基米尔辗转去到法国，并再次试图恢复生意。他将公司更名为“斯米诺伏特加酒厂”（Ste. Pierre Smirnoff Fils），但业务仍旧没有进展。弗拉基米尔亏本将公司转售给鲁道夫 · 库内特（Rudolf Kunett）。不幸的是，库内特选择在美国开设一家酿酒厂，该厂于 1920 年开始进行“伟大的实验”。由于预期收效甚微，鲁道夫以每瓶 5%的预付报酬将业务转售给了休伯莱恩（Heublein）。随着莫斯科鸡尾酒、伏特加混合酒、姜汁啤酒和酸橙汁的发明，该公司在 20 世纪 40 年代开始小有成就。直到肖恩 · 康纳利（Sean Connery）在 1962 年的电影《诺博士》（*Dr No.*）中饰演 007，斯米尔诺夫的伟大胜利才到来。

1924 年后，苏联又开始生产伏特加酒，并将伏特加的度数提高到 50° 左右。早在 1893 年，时任俄国计量局局长的门捷列夫认为酒精与水缔合的最佳比为 38% : 62%。由于当时计算器尚未被发明，为了方便统计税收，将该比例修改为 40% : 60%。全世界烈酒的一般酒精含量处于这个范围之内绝非偶然。

禁酒令对伏特加在美国的声誉有百害而无一利。在美国海岸上被称作“伏特加”的酒从俄国的蒸馏酒名单中彻底消失。第二次世界大战无疑促使世人对伏特加饮用者的态度发生逆转。 在获得西欧人的认可后不久，伏特加酒就受到了俄国人的青睐。在整个战争期间，俄国人饮用的都是伏特加酒。尽管它们的效果看似无伤大雅，但由于监管不严，也引发了其他问题。

## 实力的证明

伏特加最终在欧洲流行开来。欧洲人慢慢地喜欢上了这种气味清淡的酒。到了 1975 年，在美国伏特加酒已超越威士忌、朗姆酒和龙舌兰酒，成为当地最受欢迎的烈酒。1979 年，绝对伏特加[2] 首次登陆纽约市场，它不仅彻底改变了伏特加的销售方式，还彻底改变了酒的营销模式。该品牌与安迪 · 沃霍尔（Andy Warhol）等杰出艺术家合作，共同设计出时尚的国际化形象。1985 年，苏联停止生产伏特加酒。当时认为，相比高浓度的伏特加酒，葡萄酒和啤酒更好，因为伏特加酒曾引发诸多健康和社会问题。就像美国的禁酒令一样，这一法令导致税收锐减和社会动荡。1987 年，该法令被废除。

如今，伏特加酒作为最为普及的一种烈酒，其定位满足了社会不同阶层的需求。特级的伏特加酒价格昂贵，而低级的伏特加酒价格亲民。伏特加酒就像一把双刃剑，既象征着精致的文化内涵，又代表着麻木，这种麻木无论是对个人还是社会都具有摧毁意义。对于那些不喜欢特征鲜明的烈酒的人来说，伏特加能够满足他们的一切期望。正因为如此，伏特加酒通常在年轻人中备受青睐。伏特加酒性质温和，易与其他类型的酒混合，并且不会破坏其他成分。现在，越来越多的品酒师追求伏特加酒的个性，包括口感和风味。伏特加酒能够在如此短的时间内享誉全球，属意料之中，其影响力已遍布世界各个角落。

# 调酒师力荐

## 快速通道

### 40° 维波罗瓦伏特加

尽管俄罗斯品牌会让人认为黑麦是生产伏特加的最佳原料，但我个人偏爱用马铃薯原料制成的酒。在我自己的酒吧，我经常使用这种波兰品牌的酒。鉴于其价格，品质是十分优良的，我发现用马铃薯制成的酒口感更圆润。

## 酒柜必藏

### 40° 野牛草伏特加

不是所有伏特加酒都是无味的。苏布罗卡伏特加用途广泛，堪称传统风味伏特加的典范。其香草味可谓百搭，从杜松子酒到卡尔瓦多斯酒都可以配搭，值得一品。

## 酒中精品

### 40° 银树伏特加

在试图面对自己的贪婪时，我相信您不应该为一瓶伏特加酒支付超过 25 英镑，我碰巧遇到了这种情况。它是夏季小麦、马铃薯和发芽大麦的极佳融合。

调配伏特加酒的
三种方式
3 WAYS TO DRINK VODKA

## 浓缩咖啡马天尼

**配方 1**

50 毫升伏特加
25 毫升咖啡利口酒
（咖啡蜜的起泡效果很好，但鉴于利口酒的甜度较低，可能需要加入1—2滴糖浆）
少许新鲜的浓咖啡

这款酒是已故的伟大调酒师迪克·布拉德塞（Dick Bradsell）最受欢迎的作品。在SOHO小酒馆里，如果想点一杯能够“让人清醒”的酒，这款酒一定不会让您失望。

› 将所有成分添加到摇壶。

› 用力摇晃12—15秒钟，您便会得到一杯真正的泡沫饮料。

## 维斯珀马提尼

**配方 2**

30 毫升伦敦干杜松子酒
20 毫升伏特加酒
10 毫升美国白葡萄酒

这是在伊恩·弗莱明（Ian Fleming）的皇家赌场（Casino Royale）订购的第一批马提尼酒（James Bond）。他以他的爱好命名这种酒。这款酒制作精良，平衡感强，是晚餐前饮品的佳选。记住不要过度稀释！

› 冷却鸡尾酒杯。

› 将所有成分加入搅拌杯中。

› 在最上面加冰。

› 搅拌直至充分冷却、稀释。

› 剔除酒杯中的冰块，然后将饮品过滤到酒杯中。

› 饰以柠檬片（其摆放高度和距离要恰当，保证精致的格调）。

**配方 3**

40 毫升苏布罗卡伏特加酒
20 毫升都灵维可茅斯迪
7.5 毫升菲奈特布兰卡
3 滴橙味苦精

## 冬日玫瑰酒

这种饮料是我在伦敦 SOHO 的勃乐猪酒吧（The Blind Pig）中品尝的美味且非传统饮料的一种变体。它被称为“玫瑰园”（Rose Field），巧妙利用了奇滋果酱伏特加。此版本改用草本伏特加酒。

› 将所有成分添加到搅拌杯中。

› 加冰搅拌，直至充分冷却、稀释。

› 过滤到岩石杯中，并加入干净的冰。

› 将橙皮油涂在饮品上，并用迷迭香装饰。

酒精是人类忍受苦难生活的良药。

**乔治·伯纳德·肖**
(GEORGE BERNARD SHAW)

伏特加凉了！

**荷兰祝酒词**

# 逸闻轶事

迟暮之年的俄罗斯作家列夫·托尔斯泰（Leo Tolstoy）逐渐意识到酒精的危害，公然宣布戒酒，积极投身于禁酒运动，并利用其在文学方面的造诣撰写了呼吁人们戒酒的文章，其中包括1890年创作的《人为什么愚弄自己？》（*Why Do Men Stupify Themselves?*）。

据悉，仅在波兰，伏特加的品牌就有1000余种。如若再算上俄罗斯和斯堪的纳维亚半岛（Scandinavia）生产的品牌，想要选出最爱的一款，那注定会挑花了眼。

在俄罗斯，每一种新酒的诞生都会被赋予新的意义，体现在不同的祝酒词中。敬酒可谓是一门学问，在正式场合，敬酒的次序是有讲究的，比如在生日宴会上，首先敬寿星，然后敬寿星的父母。

译注：

1. 伊丽莎白一世，即伊丽莎白·彼得罗芙娜（1709年12月29日—1762年1月5日），俄国女皇（1741—1762），彼得一世与叶卡捷琳娜一世的第三个女儿。
2. 绝对伏特加（Absolut Vodka）是世界知名的伏特加酒品牌，虽然伏特加酒起源于俄国（一说波兰），但是绝对伏特加却产自一个人口仅有1万人的瑞典南部小镇阿赫斯（Ahus）。

# 苏格兰威士忌与爱尔兰威士忌

# SCOTCH&IRISH WHISKIES

尽管横跨大西洋的新兴波旁威士忌和黑麦威士忌让人联想起酒吧里喧闹和低俗的情景，但在英国文化中，苏格兰威士忌的象征意义颇为显著。在苏格兰附近，一个“叛逆”的国家正忙于制作自己的威士忌。在某些历史时期，爱尔兰威士忌是世界上最受欢迎的烈酒之一。尽管科菲蒸馏器没有得到本国人的重视，但却被苏格兰人采用。如果不是爱尔兰人发明了科菲蒸馏器，烈酒行业和威士忌的发展轨迹可能截然不同。苏格兰威士忌和爱尔兰威士忌的历史惊人地相似，就像酿酒过程一样隐秘，对各大洲产生了深远影响。

## 什么是苏格兰威士忌

苏格兰威士忌是产地为苏格兰的威士忌。苏格兰威士忌的类型有两种，其中用100%发芽的大麦蒸馏而成的麦芽威士忌声望最高。制作麦芽需先将谷物浸入水中使其发芽，发芽的过程会产生糖、淀粉和制作酒精所需的酶。然后用热空气干燥麦芽，使其停止发芽。再将麦芽放入铜制蒸馏器中间歇蒸馏两次（或多次）。苏格兰的威士忌酒产

区分为低地、高地、群岛、坎贝尔敦、斯佩塞德和艾雷岛。单一麦芽苏格兰威士忌由一家酿酒厂只用发芽的大麦为原料酿造而成，而混合麦芽威士忌则融合了不同酿酒厂的单麦芽威士忌的特点，口感极佳。混合麦芽威士忌也可以由另外一种苏格兰威士忌，即谷物威士忌制成，谷物威士忌是用大麦芽制成的，但也可以包含其他发芽的或未发芽的谷物或谷类植物。谷物威士忌是通过连续蒸馏制成，通常用于混合调配，因为该方法的产量远高于间歇蒸馏。但是，有些谷物威士忌是没有经过混合的。单一酿酒厂瓶装的谷物威士忌被称为“单一谷物威士忌”。苏格兰威士忌的平均酒龄（储藏时间）为 3—12 年，但有些威士忌的陈年时间为 50 年或更久，售价高达数万英镑。瓶装苏格兰威士忌的酒龄由瓶内酒龄最短的威士忌决定。

## 什么是爱尔兰威士忌

如同苏格兰威士忌一样，爱尔兰威士忌的品种繁多，可以分为麦芽威士忌、壶式威士忌、谷物威士忌和混合威士忌四类。其中，最负盛名的是从 100%发芽的大麦中蒸馏得到的麦芽威士忌。在壶式威士忌中，至少含有 30%的麦芽和 30%的未发芽的大麦，其他谷物最多只占 5%，必须在壶式蒸馏器中蒸馏，并且只能来自同一家酿酒厂。在谷物威士忌中，发芽的大麦含量最多为 30%，并通过连续蒸馏的方式生产。爱尔兰威士忌与苏格兰威士忌相似，既可以将来自单一酿酒厂的谷物威士忌装瓶作为单一谷物威士忌出售，也可以混合出售。混合威士忌是由两种或多种风味的威士忌混合而成。

## 是“whisky”，还是“whiskey”

威士忌的两种拼写最终尘埃落定。在 19 世纪后半叶，爱尔兰威士忌享誉全球，名声远超苏格兰威士忌，爱尔兰人选择使用“whiskey”来区别于苏格兰“whisky”。爱尔兰人移民他国时仍旧使用含“e”的“whiskey”写法。其他国家（例如加拿大和日本）选择不使用“e”字母，大概是为了表达对苏格兰威士忌的支持，那时苏格兰威士忌已经比爱尔兰威士忌更受欢迎。

## 酿酒师的梦想

可用于发酵的谷物的种植历史长达 1 万余年，大约在公元前 6000 年从新月沃土（Fertile Crescent）传入欧洲。在酒精生产商看来，在寻常发酵成酒精的谷物中，大麦堪称“谷物之王”。大麦外壳具有保护性，使其可以抵抗潮湿的环境和细菌的侵蚀，因此更易于发芽。制麦过程中可以产生酶，将谷物中的淀粉转化成可发酵糖。在没有现代技术来监测发芽过程的情况下，小麦、黑麦和燕麦易被细菌侵蚀。在爱尔兰和苏格兰，人们经常用燃烧的泥炭干燥麦芽，如今仍有一些蒸馏厂采用这一方法。泥炭赋予威士忌一股烟熏味。农民们还发现，经过蒸馏后的大麦剩下的残渣（即草渣）是优质的牲畜饲料。在像苏格兰这样缺乏干草的地方，大麦蒸馏后的残渣对于冬季喂养牲畜和畜群至关重要。因此，大麦荣获谷物之冠。

## 爱尔兰与苏格兰的“生命之水”

1170 年，一群英国步兵被派往强弩镇，彭布罗克郡伯爵（Earl of Pembroke）在入侵爱尔兰后掌权执政。他们带回了灵丹妙药和威士忌的传说，在盖尔特语中为“uisce betha”，意为“生命之水”。当“uisce”被英语词汇同化吸收，“whisky”一词诞生。这种含有中草药的酒可以由多种淀粉类物质蒸馏而成。

尽管只有英国人口耳相传，但这个传说在拉蒙 · 拉尔诞生前 60 年就已然存在。蒸馏技术的最早传播者是学僧们。除了知道他们传播知识之外，其他信息无从查证。虽然不知道这些人的名字，但在“生命之水”家喻户晓之前，的确是这些学僧为“生命之水”及其制作方法的普及做出了贡献。1494 年，医药科学的痴迷者詹姆士四世（King James IV）雇用修道士弗雷拉尔 · 科（Friar Cor）生产大批量的“生命之水”。据《苏格兰财政卷轴》（*the Scottish Exchequer Rolls*）记载，烈酒的用途广泛，包括与火药混合使用。之后的 18 年中，卷轴记录了这一灵丹妙药的另外 15 种用途，包括充当药剂。詹姆斯四世异常重视这一灵丹妙药，并下令爱丁堡理发师及医师公会独享生产垄断权。

爱让世界运转？
事实并非如此。
威士忌让地球以双倍的速度运转。

**康普顿·麦肯齐**
(COMPTON MACKENZIE)

## 公开饮酒、税收和走私

蒸馏酒不久便进入了普通人的生活，其储存方法堪称一绝。16 世纪至 18 世纪 50 年代酿造的烈酒通常通过添加草药及适度兑水而变得更可口、更健康，这些饮品迅速流行开来。1556 年，爱尔兰政府通过了一项法规，下令只有一部分上层公民才能在没有许可的情况下蒸馏酒。1579 年，苏格兰的“生命之水”大受欢迎，以至于因谷物供应不足而导致生产中断，只有精英阶层才有权继续享用蒸馏酒，但也只能生产自己所需的量。

在接下来的一个世纪左右，作为药品的“生命之水”很快演变为娱乐饮品。1608 年，爱尔兰的布什米尔酿酒厂获得生产蒸馏酒的许可。1644 年，苏格兰开始对酒征税，从而为战争提供资金。根据《1707 年联盟法案》（*The 1707 Acts of Union*），苏格兰政府机关集中在威斯敏斯特市。政府官员为了征税，还派遣专员入驻当地，酿酒厂不得不为这些专员提供住宿。由于征税的成本超出了税收本身，政府随之增加了烈酒生产的征税额度。为此，那些想要保留谷物的人只能私下偷偷蒸馏（非法烈酒）。走私虽然过程艰辛，但是却备受尊重——据悉，被捕的走私者不是被提前释放，就是在周末被遣送回家。

大众对威士忌的喜爱之情日益加深。作为受人尊敬的东道主应该确保客人们喝得尽兴，如果没把客人喝趴下，那就表明不够热情。18 世纪，在苏格兰举行的葬礼上，不乏有人因为祭奠逝者而饮酒致死。

随着作家和音乐家开始发现喝酒的痛苦与乐趣，“生命之水”的文化意义日益突出。爱尔兰盖尔诗人休 · 麦克高兰（Hugh MacGowran）在出席卡范郡（County Cavan）的一场盛宴之后，创作了诗歌 *Pléaráca na Ruarcach*。乔纳森 · 斯威夫特（Jonathan Swift，1667—1745）听到由盲人竖琴家图尔洛 · 奥卡罗兰（Turlough O' Carolan，1670—1738）伴奏的那首诗后，请求麦克高兰进行直译，并根据译文创作了诗歌《爱尔兰盛宴的描述》（*The Description of an Irish Feast*，1720）。资料显示，欢宴现场至少有 100 桶“生命之水”，公众对这两首诗歌的反应非常强烈。18 世纪后期，罗伯特 · 伯恩斯（Robert Burns，1759—1796）和沃尔特 · 斯科特（Walter Scott，1771—1832）等苏格兰诗人大力宣扬苏格兰威士忌。威士忌的名声不胫而走，引起国内外人士的关注。

## 新发明和威士忌产量激增

在蒸汽火车等新兴运输工具的带动下，低地地区富有的地主开始创办合法的酿酒厂或收购正在营业的酿酒厂。大型蒸馏企业集团通常是家族化的企业，他们的目标是向本地和英国出售杜松子酒，因为威士忌既可以通过植萃进行调配，也可以用于制作松子酒。高地地区和爱尔兰威士忌通常使用 100% 的发芽大麦，然而，为了避免麦芽税，低地地区较少使用大麦。

高地地区与英国的贸易稀疏。限制使用意味着酿酒厂只能进行小规模生产。从事烈酒买卖的多为当地的农民。限制使用反而导致非法蒸馏的猖獗。低地地区通过制作各种蒸馏设备生产出大批量的低劣威士忌。高地地区的酿酒厂潜心研究如何生产出最美味的威士忌，包括长期以来广受赞誉的爱尔兰蒸馏厂。1750 年，塞缪尔·约翰逊（Samuel Johnson）夸赞爱尔兰威士忌的优点，爱尔兰威士忌不仅收获了英国人的喜爱，还成为美国 19 世纪进口最多的烈酒。

科菲蒸馏器是蒸馏史上最伟大的发明之一。虽然埃涅阿斯·科菲已经为两个类似的蒸馏器申请了专利，但他在 1830 年申请的专利蒸馏器在技术上更先进。该蒸馏器可以连续运行，甚至比最大的铜罐蒸馏器的生产能力高出许多倍。不幸的是，这位爱尔兰前海关官员与他的蒸馏器运气不好，尽管其生产的酒精纯度较高，但连续蒸馏也使得威士忌失去了独有的风味，大多数爱尔兰蒸馏厂拒绝使用这种蒸馏器。但事实证明，对于亟须提高产量的低地地区生产商来说，蒸馏器是最佳之选。

早在 19 世纪 40 年代，陈化的威士忌属于特级酒，威士忌的酒龄是其档次的象征。19 世纪 40 年代，威士忌初次与其他烈酒调配并得到品牌推广。通过混合，酒龄较短的威士忌更具特色，而酒龄较长、辛辣的单麦芽威士忌则得到中和。即使是制作精良的威士忌，不同批次之间的差异也很大。到了 19 世纪 80 年代，随着玻璃生产技术的发展，越来越多的生产商不再使用桶而使用玻璃瓶装酒。对于大众来说，瓶装威士忌更方便，价格也更亲民，而且质量更有保证。在瓶装酒出现之前，不乏批发商或酒馆在桶中通过加兑各种添加剂以次充好。

## 衰败与复兴

无论是对爱尔兰还是苏格兰的酿酒师来说，19 世纪的后 10 年和 20 世纪早期都如同一场噩梦。对于苏格兰人来说，帕提森兄弟公司（Pattison brothers，一家拥有搅拌机、出口商和仓储设施的综合公司）被判获刑。兄弟二人被控诈骗罪和挪用公款罪，这摧毁了人们对威士忌蓬勃发展的信心。同时给向来以威士忌为豪的公众带来无以名状的伤痛。大多数生产者拒绝采用科菲蒸馏器，但这根本无法满足与苏格兰的竞争规模。

第一次世界大战爆发，英国财政大臣戴维 · 劳埃德 · 乔治（David Lloyd George）担心酒精不足会对战争物资的生产产生不利影响，强烈支持禁酒令。詹姆斯 · 史蒂文斯 [James Stevens，他们的利益与约翰 · 沃克父子（John Walker & Sons）紧密相关 ] 说服了不少人，而劳埃德 · 乔治则促成控制委员会（Control Board）的成立，并于 1915 年通过了《不成熟烈酒法》（*Immature Spirits Act*）。控制委员会对威士忌酒生产商造成了毁灭性的打击，通过一系列限制来减少公众饮酒，包括减少营业时间、将装瓶酒的度数降低到 40° ，甚至禁止购买酒。滑稽的是，这项法案规定，威士忌的陈酿时间不得少于 3 年，反而保证了威士忌的品质。

1917 年，爱尔兰对酒精生产和大麦使用的限制使威士忌遭受到了沉重的打击。祸不单行，1920 年美国实施的禁酒令彻底摧毁了爱尔兰市场。更糟糕的是，20 世纪 30 年代的安格鲁与爱尔兰的贸易战摧毁了威士忌的生存空间。最终，只有两家爱尔兰的酿酒厂幸存下来。苏格兰的情况则好一些，实际上，禁酒令反而促进了苏格兰威士忌的繁荣。大量混合苏格兰威士忌出口到美国的邻国——加拿大、墨西哥和加勒比海诸岛。虽然为了迎合美国市场需求，混合威士忌的口味有所改进，但一般来说，苏格兰威士忌一旦登陆国外市场，出口商就不再插手过问了。不幸的是，苏格兰威士忌刚从第一次世界大战中缓过劲时，第二次世界大战又进一步加剧了问题的严重性。由于市场上的威士忌销售管制严苛，苏格兰黑市悄然兴起。大公司设定了固定价格，反响令人满意。他们切断了哄抬酒价的供应链，并购买了价格昂贵的苏格兰威士忌，转而定价出售。战后，政府的谷物分配政策和英国关税的提高致使苏格兰威士忌的价格高不可攀。结果最终是有益的——苏格兰威士忌作为奢侈品的地位得以维持。

随着 1953 年取消对自给谷物的限制，以及 1954 年实施的威士忌自由分配，该行业日渐复苏。苏格兰威士忌在 20 世纪 60 年代又经历了一段时间的繁荣，但到了 80 年代和 90 年代，青少年开始喝伏特加和朗姆酒。苏格兰威士忌成功地实现改良。单麦芽威士忌通常被用来与酒龄较短的谷物威士忌混合，其无与伦比的地位得到捍卫。单麦芽威士忌因其独特而强劲的风味赢得公众的推崇，饮用苏格兰威士忌被视作睿智之选。值得庆幸的是，公众重拾对苏格兰威士忌的兴趣，加上爱尔兰蒸馏厂精心打造品牌，推动了爱尔兰威士忌市场的复兴。

苏格兰威士忌和爱尔兰威士忌的成名之路历经坎坷，许多小型酿酒厂矢志不移地追求精湛的技艺。没有这种精神，苏格兰威士忌和爱尔兰威士忌不可能在 21 世纪的今天仍然声名显赫。有趣的是，目前没有人比法国人更钟爱苏格兰威士忌。2017 年，法国人所购 70 厘升 / 瓶的威士忌的数量为世界之最。令人惊讶的是，据蒸馏酒理事会报告，2018 年爱尔兰威士忌的销量增加跃居首位。然而，真正令人振奋的是，风靡一时的精制壶式威士忌强势回归，打破了爱尔兰混合酒独霸鳌头的局面。

随着酿酒商越来越注重品质，当前可能是享受这些精酿的烈酒的最佳时机。

今天的雨水就是明天的威士忌。

苏格兰谚语

# 调酒师力荐

## 快速通道

### 40° 金猴苏格兰威士忌

这款酒是单麦威士忌——格兰菲迪、巴尔维尼和基尼维的美味组合。对于刚接触苏格兰威士忌的人来说，这样介绍浅显易懂。这款酒口感顺滑，可用于调配鸡尾酒。

## 酒柜必藏

### 40° 康尼马拉泥煤单麦威士忌

这款酒绝对不会让您失望。这款酒富含烟熏味，口感浓郁、圆润，价格实惠。如果您喜欢艾莱威士忌，您也一定会爱上这款酒。

## 酒中精品

### 40° 珍藏 15 年的海兰帕克

这款通过固态酿酒方式酿制而成的酒真的是与众不同。我本人酷爱雪利酒桶的味道，其赋予了威士忌淡淡的甜味。

调配威士忌的
三种方式
3WAYS TODRINK WHISKY

**配方 1**

50 毫升苏格兰威士忌
25 毫升甜苦艾酒（费尔南多·德·卡斯蒂利亚苦艾酒表现出色）
2—3 滴安格斯特拉苦酒

# 罗伯·罗伊鸡尾酒

苏格兰威士忌罗伯·罗伊鸡尾酒类似于由黑麦酿成的曼哈顿鸡尾酒，是以苏格兰民间英雄罗伯·罗伊·麦格雷戈（Rob Roy MacGregor）的名字而命名的，瓦尔特·司各特爵士（Sir Scott Walter）在同名小说中对其赞赏有加。1897 年，罗伯·罗伊鸡尾酒的配方诞生于华尔道夫酒店（Waldorf Astoria），当时帝国大厦尚未竣工，这家酒店也尚未搬迁。

› 将所有成分添加到搅拌杯或摇壶中。

› 加冰搅拌至充分冷却、稀释。

› 倒入事先冷却过的鸡尾酒高脚杯中。

› 饰以樱桃便可享用。

## 盘尼西林鸡尾酒

在纽约的牛奶 & 蜂蜜酒吧（Milk and Honey），调酒师山姆·罗斯（Sam Ross）首次调配出盘尼西林鸡尾酒，这款鸡尾酒一举成名，从未让人失望。最初是在顶层加入泥煤苏格兰威士忌，里面夹杂着其他味道。虽然我喜欢混合的烟熏味，但不妨同时尝尝这款酒。

**配方 2**

50 毫升混合苏格兰威士忌（我经常使用“猴肩”，效果显著）
10 毫升单麦芽苏格兰威士忌（如果你情绪不高，不建议使用拉佛多格酒，可以选择拉加维林 16 年。）
25 毫升柠檬汁
20 毫升蜂蜜水（蜂蜜和水的比例为 1 ：1）
2 厘米长的生姜片（去皮）

› 碾碎姜片。
› 加入其他成分。
› 使劲摇 12—15 秒。
› 将饮品过滤两次，倒入岩石杯中。
› 加冰块（如果威士忌起泡沫，最好不要使用吸管）。
› 饰以姜糖或生姜片。

**配方 3**

25 毫升泥煤爱尔兰威士忌或苏格兰威士忌
25 毫升菊芋酒
25 毫升菲诺雪利酒
5 毫升 查特酒

## 死凯撒鸡尾酒

我在圣帕迪日（St. Paddy’s day）调配出这种美味的餐后酒。普通家庭可能没有这些配方，但如果家中配料充足的话，不妨一试。如果在家无法调配，可以请您最喜欢的调酒师为您调配。

› 用查特酒冲洗鸡尾酒高脚杯。

› 将其他成分添加到搅拌杯或摇壶中。

› 加冰搅拌至充分冷却、稀释。

› 分离出查特酒，再过滤至高脚杯中。

威士忌的轻音乐降临在玻璃杯上
——一首怡人的插曲。

**詹姆斯·乔伊斯**
(JAMES JOYCE)

# 逸闻轶事

自父亲 5 年前去世后，汤米 · 杜瓦（Tommy Dewar）便与自己的兄弟约翰 · 亚历山大（John Alexander）一同接管了家族企业——约翰 · 杜瓦父子公司（John Dewar & Sons）。汤米满怀雄心壮志，接手公司后立即前往伦敦推销产品，并争取到了酿酒展览会的展位。但汤米的目标远不止成为展会上唯一的苏格兰酒营销员。为了提高产品的知名度，他雇用一名风笛手在展位前吹奏风笛，这引起周边参展商的不满。尽管周围的人强烈要求汤米立即停止，但汤米不以为然，坚持让风笛手吹奏，并顺利签下了一些盈利的合同。

“sláinte”源于盖尔语中的健康祝词，在宴会上时喝酒时会说“sláinte”，以纪念烈酒充当药剂的岁月。

苏格兰人并不总是拥护自己的东西，19 世纪 60 年代，爱尔兰威士忌被誉为“苏格兰最畅销的威士忌”。

# 日本烧酎

SHOCHU

自 2003 年以来，在日本，烧酎一直比清酒更流行，但除了日本人之外的大多数人并不了解烧酎。这种酒精度稍低的烈酒的故事几乎与其他所有烈酒相反。尽管大多数酒精饮品是在不断合作中，或者在及其他国家的影响下研制而成的，但烧酎在很大程度上是孤立的产物。这使得烧酎不仅与白酒一样是世界上最独特的酒，还是成分最多样化的酒。日本人用匠心精神酿造出了这种品质优良的烈酒，并开始享誉全球。

## 什么是烧酎

日本烧酎发音为“shaozhou”，是一种传统的日本烈酒，由多种蔬菜、谷物和糖经过发酵、蒸馏而成的。最常见的原料是红薯、大米、大麦、荞麦和红糖，酿制烧酎需要用曲菌来发酵这些物质。曲菌是一种蒸熟的淀粉块，通常以大米、大麦、红薯或荞麦为主要原料，借助米曲菌发酵而成。大米曲菌经常用于清酒的酿造过程，霉菌家族也用于制作酱油和豆酱。曲菌主要有白色、黑色和黄色三种类型，这三种不同的曲菌与发酵物结合可以生产出不同风味的酒。

曲菌制成后，将其与水和酵母混合，开始发酵。发酵过程中，曲菌被酿酒师加入到需要发酵的成分中。由此发生新的发酵过程，因此烧酎进行了两次发酵。发酵后，再将这些成分进行蒸馏以产生烈酒。在发酵和蒸馏过程中，所有成分均维持固态或半固态。

烧酎分两种不同类型：乙类烧酎（通常称为“本格烧酎”）和甲类烧酎。乙类烧酎只需蒸馏一次，其制作场所和制作方法都有严格的指标。甲类烧酎是一种经过精制的烧酎，这意味着它通常在蒸馏塔中进行了多次蒸馏。蒸馏后，可以在木桶、陶罐或不锈钢桶中陈化。陈年烧酎被称为“koshu”，酒龄通常为 1—3 年。陈化后，一些生产商会在稀释之前进行过滤。

通常，瓶装烧酎的酒精度比其他烈酒低，约为 25°—30°，但有些瓶装烧酎的度数为 35°—40°。尽管烧酎主要产自九州岛和冲绳县，但其身影遍布日本各地。就像干邑白兰地受到“法国原产地命名控制”制度的保护一样，世界贸易组织对以下 4 种日本特有的烧酎予以保护，它们是壱岐烧酎、球磨烧酎、琉球烧酎和萨摩烧酎。烧酎的应用方法简单，可以兑冰、兑热水、兑凉水（通常水与烧酎的比例为 6:4）及添加到鸡尾酒中进行饮用。

## 大米与块茎

水稻是禾本科植物的一种，种植历史长达 7000—10000 年，最早的文字记载出现在公元前 2800 年左右的中国。稻米的品种有 4 万多种，主要分为两大类。水稻起源于亚洲，具体可能是中国、印度和泰国。非洲栽培稻最早种植于尼日尔河三角洲周围。水稻的湿地耕作法有可能在 3000 年前传入日本九州等岛屿，但直到弥生时代（前 300—250）才开始普及。日本通过与中国、韩国和泰国的贸易而引进湿地耕作法，烧酎的酿制所用的米大都源自湿地农业。水稻的文化历史悠久，是神话故事中经久不衰的主旋律。大米象征着孕育，在婚礼上撒米的传统延续至今。

红薯是多年生藤本植物的块茎，是智利和秘鲁的特产，当地人种植红薯的历史已有 4500 年，它是 15 世纪 90 年代哥伦布带回的战利品之一。在与红薯外观相似、甜度较低的马铃薯于 18 世纪 40 年代进入欧洲之前，红薯一直被称为“马铃薯”。红薯营养丰富，生命力极强，能够在贫瘠的土壤里持续生长，一度被视作壮阳药。在九州，火山土壤无法维持水稻或其他农作物的生长，红薯成了农民维持生计的农作物，后来成为制作烧酎的主要成分。

## 早期的饮酒——处女与蛇

日本饮酒的古代历史远不像其他文化那样可追溯，海洋的阻隔使日语难以形成系统的文字。因此，有关日本人饮酒的最早记录源自中国。但是，原住民饮酒的具体时长就不得而知了。中日交流最早的文字记载可以追溯到公元 10 年，包括酒精贸易和酿酒技术。也就是说，日本古代陶器揭示了使用水果酿造酒从绳纹时代（前 12000—前 300）就开始了。可以肯定的是，古时的日本人一接触烈酒就对它产生了浓厚的兴趣。

在日本，酒精类饮品无论是过去还是现在都被统一称为“清酒”。在西方被称为“清酒”的米酒在日本实际上被称为“日本酒”（nihonshu），就发酵过程而言，清酒与啤酒更相似，而不是葡萄酒。日本人最初描绘醉酒后的糗事时，便编造了各种有趣的故事。奈良时代（710—794）首次为记录这些故事的日本人提供了机会。日本人记录日本历史与民俗最早的文字著作为《故事记》（*Kojiki*，712）和《日本书纪》[*Nihon Shoki*，亦称《日本纪》（*Nihongi*，720）]。这两本著作都呈现了同一个故事的不同版本，日本神道教的风暴和海洋之神须佐之男（Susanoo-no-Mikoto）在八头蛇怪物喝醉后将其杀死。据《日本书纪》记载，须佐之男遇到了一对老夫妇，这对老夫妇对他们即将出生的孩子感到忧心忡忡。须佐之男得知这对夫妇以前有 7 个孩子，每一个孩子出生后都会被八头蛇夺走。须佐之男嘱咐他们务必用水果酿造 8 坛酒。等到他们第 8 个孩子出生时，八头蛇像往常一样出现了。须佐之男假以敬拜之名诚邀每个蛇头喝光一坛酒，然后趁其喝醉之际将其砍死，剑都砍断了。幸运的是，他在蛇的体内发现了一把更好的新的剑。

725 年，曲菌初次出现在播磨国（日本古国之一，位于今山阳道东端）。

如今，一醉可解千愁。

这种神秘的发酵块可能在几年前就开始被使用了，源自于中国的曲彻底改变了酒的生产模式。在曲菌到来之前，通常使用口嚼酒（kuchikamizake，意为“口嚼清酒”）将大米变成酒精。由于大米中的淀粉需要转化为糖才能进行发酵，而大米本身不能发芽，但唾液中的淀粉酶可以将淀粉转化为糖。发酵剂中通常能看见大米的样子，就像是稀饭。有趣的是，在上层社会，酿酒的唾液必须出自年轻貌美的处女。这种由处女唾液制成的清酒被称为“美人酒”。

即使出现了曲菌，700 年之后，日本才研发出将发酵米饭转化为烈酒的技术。

## 蒸馏、涂鸦和红薯之岛

蒸馏起初在日本的不同地区传播开来，自然受到各方面因素的制约与影响。第一个影响来自 1477 年的琉球王国（现在的冲绳），直到 1879 年，琉球王国一直处于独立的帝国统治之下。与暹罗人（现在的泰国人）的贸易使得琉球人对烈酒产生了浓厚的兴趣，并决定尝试蒸馏。1515 年前后，葡萄牙探险家道咪卑利士（Tomé Pires）发现，琉球商人在马来西亚市场上搜寻最烈的酒。他们离开时购买了许多烈酒。道咪卑利士认为他们购买的酒与白兰地相似。显然，葡萄牙人对 16 世纪的日本充满好奇。1546 年，乔治·阿瓦雷斯（Jorges Ávarez）游历至九州的指宿，初次报道了日本人饮用由大米烧制而成的酒。“烧酒”是从爪哇岛传入蒙古的词汇，一直被翻译成一种蒸馏烈酒。但烧酎最初指“烧酒精”，起源于最意想不到的地方。

1559年，在一位大祭司的监督下，建造了八幡神社。在现场工作的两名工人对他们的雇主大祭司心生憎恶，为了发泄怨气，他们决定暗中破坏这一神圣的构架。因为大祭司从未给他们分发过烧酎，所以他们感到不满，并将怨气刻在房椽上，咒骂卑鄙的大祭司，他们甚至留下了自己的名字以及发泄的日期。这里有必要提及这两位勇士，他们是深町作次郎（Sakujirō）和助太郎鹤田（Suketarō Tsuruta）。

他们对大祭司的独断专制感到愤懑，结果，烧酎被当作货币使用，至少在九州的一部分地区情况如此。这也导致世人认为烧酎并不是新兴产物，或者认为农民阶级是买不起烧酎的。

在17世纪的前10年，红薯在野国总管（Noguni Sōkan）[1]的关照下进入了琉球。红薯在日本闭关锁国之前就已经传入日本。1705年，渔民利右卫门前田（Riemon Maeda）从琉球返回指宿时带回了红薯块茎，而后他与当地农民一道进行红薯的种植与贸易。1732年，谷物歉收，导致1.2万人身亡，期间选择种植红薯的数百人幸免于难。前田成了英雄，九州获得了一种新的、意义重大的可供蒸馏的农作物。最终，红薯取代了稻米，成为该地区制作烧酎的最常用的有机原料。

# 日本的封闭与开放

日本在德川幕府时期（1603—1868）有一段相对和平的时间，也被称为“江户时代”。当时的执政者为位于江户（现在的东京）的武士政府，居住在京都的天皇只是傀儡而已。日本实行了闭关锁国的外交政策，除了与荷兰和中国进行严格的贸易，与其他国家完全限制了贸易和外交往来，这意味着日本像过去一样基本上与世界隔离开来。烧酎产业的发展进入漫长的停滞期，长达 250 余年。但失之东隅，收之桑榆。乙类烧酎沿袭单式蒸馏传统，可谓别具一格。正因为生产者承袭传统工艺，烧酎才得以独树一帜。

不幸的是，当时的农民阶级很难喝上烧酎。在整个江户时代，在封建制度中等级最高的武士也仅在假日期间饮酒。在 18—19 世纪，在琉球，如果农民进行非法蒸馏则会被处死。

多亏了农民对酒品的需求，美国海军准将马修 · 佩里（Matthew Perry）打破了日本持续 2 个多世纪的封闭状态，强制日本实行对外开放。1853 年，佩里带着两艘帆船和两艘蒸汽动力船抵达江户港口。他凭借先进的技术令日本人瞠目结舌， 并通过威逼利诱，间接地下达了贸易或是侵略的最后通牒。幕府将军最后只能屈服于美国的霸权，但他的行为被视为对大日本帝国的背叛，导致天皇号召日本帝国主义分子发动叛乱。1868 年，天皇夺取政权，标志着明治时代的开端，一直持续到 1912 年。日本烧酎的制作再次受到世界的影响。

## 新技术——蒸馏器与原子弹

到了 1895 年，埃涅阿斯·科菲的蒸馏器传入日本，极大地降低了烧酎的生产成本，从而实现烧酎的大规模生产。尽管蒸馏器可以带来巨大的经济效益，但许多人仍然排斥这种新技术。和以往一样，机会主义者们则毅然决然地采用了蒸馏器。1910 年，一种新型的烧酎诞生。这种从更为经济的蒸馏器中生产出来的双重蒸馏酒就是众人皆知的甲类烧酒。人们没有在两者之间抉择，而是选择将两种烈酒混合，调配出一种独特的混合型酒。对烧酎本身的消费来说，这是一件好事。劳动阶层第一次可以喝到价格便宜、口感浓烈的酒。在烧酎的产地，因为烧酎相对于清酒的价格优势更明显，故而更受欢迎。清酒仍然是上层人士的特权，这意味着清酒更快地赢得了国际盛誉，但甲类烧酒的价格和酒精度掌握在普通百姓手中。

新的生产税法影响着许多传统生产者，促使执着于乙类烧酎单一蒸馏品种的酒商改进生产方法。1920 年，米曲菌被发现，之后被广泛运用在烧酎和清酒生产中。

第二次世界大战所带来的创伤严重阻碍了乙类烧酎的贸易发展之路。“二战”后，在情感上和经济上饱经摧残的日本国民靠饮用黑市酒消愁，这种现象被称为“粕取文化”。“粕取”是一种特别的烧酎，是从生产清酒的酒糟中蒸馏出来的。但是，“粕取”文化与烧酎的过去和现在都没有任何联系。第二次世界大战后，在黑市上销售的烈酒常常被掺入多种杂质和毒素。一种毒性极强的甲醇混合物（对人体有害）被称为“炸弹”，通过化学物质遮盖气味，反映了粕取文化的自毁性。

因为非法酿造者并不会被处死，再加上对黑市酒的需求量极大，所以地下生产靡然成风。20 世纪 50 年代，每年因非法蒸馏而被捕的人数高达 4 万人，这使得许多消费者转向进口烈酒，因为进口酒的危害性较低。

## 烧酎的复兴与国际市场

值得庆幸的是，到了 1976 年，烧酎的“三大热潮”中的第一个热潮拉开帷幕。此热潮与烈酒文化的联系日益疏离，而水和酒精的比例为 6 ： 4 的混合酒普及开来。消费者第一次看到甲类烧酎唯一的蒸馏“前身”——乙类烧酎的价值。烧酎及其冲绳特产烧酒最终获得一致肯定，自 1987 年 11 月起，日本每年都会为其举办庆祝活动。

自 2003 年以来，烧酎在日本变得比清酒更受欢迎，并且在其他酒精饮料中享有稳固的地位。2014 年，烧酎在国际葡萄酒和烈酒大赛（IWSC）中获得了属于自己的烈酒类别。随着世界各地的酒吧使用量的增加及受全球烈酒爱好者的追捧，烧酎可能将经历前所未有的需求量激增。因为烧酎的款式、风味和酒精度多种多样，所以其饮用方式也多种多样，具有与食物搭配的天然亲和力。正因为如此，烧酎能够一举赢得世界的青睐。假以时日，烧酎这个鲜为人知的历史奇迹便会成为未来的酒界之星。

# 调酒师力荐

## 快速通道

### 25° 塔克拉托瓦里本格烧酎

我个人并不是十分赞成一开始就选用这款酒，如果您想试一试，可能有点冒险。建议品尝一些加香料的食物或肉类。我喝完后感觉嗓子直冒烟，就像精致的艾莱威士忌，夹杂着奶酪的咸味。虽然这听起来有点难以置信，但您尝过后就会忍不住咂嘴。

## 酒柜必藏

### 25° 佐藤烧酌

只要给我这款酒，我可以安然地度过炎热夏季里的一个下午。这款本格烧酎由精选的红薯和黑曲制成，醇香浓郁且细腻，味道与黑芝麻有几分相似。

## 酒中精品

### 40° 豊永冈山烧酎

我是在烧酎中发现这款酒的，它在雪利酒桶中陈酿长达 7 年，就像含有西班牙雪利酒的阿马罗尼格拉巴酒。这款酒中的焦糖、太妃糖、西梅和无花果的味道实在让人赞不绝口。想到这款酒每年的产量只有 400 瓶，喝起来更是妙不可言。

调配烧酎的
三种方式
3 WAYS TO DRINK SHOCHU

**配方 1**

75 毫升柚子烧酎
125 毫升苏打水

## 低酒精度的高球酒

个人认为这款酒与经典的日本高球酒有很大的不同，柚子增加了几分清新感。

› 将烧酎倒入柯林斯酒杯中。

› 装满冰。

› 缓慢倒入苏打水，搅拌两次。

› 将柠檬挤出汁，滴入杯中。

**配方 2**

50 毫升梅酒
25 毫升伦敦干杜松子酒
1 滴柠檬苦精

## 和服绸酒

口感很细腻、清新。与陌生人交往时，不妨来杯马提尼酒。

› 冷却鸡尾酒杯。

› 将所有原料加入搅拌杯中。

› 加冰搅拌至充分稀释。

› 捞出冰块，再过滤至酒杯中。

**配方 3**

50 毫升荞麦烧酎
25 毫升甜苦艾酒
2 滴安格斯特拉苦酒

## 留香荞麦酒

这种酒与曼哈顿鸡尾酒相似，只是度数较低，口味清淡、细腻。不要被这个名字所迷惑，小心喝醉。

› 冷却鸡尾酒杯。

› 将所有原料添加到搅拌杯中。

› 加冰并搅拌至充分稀释。

› 剔除冰块，再过滤至酒杯中。

即使是天神，他们也会借助酒去欺骗他人。

栖井川柳

(KARAI SENRYU)

# 逸闻轶事

烧酎由 50 多种有机物质制成，包括芦荟、仙人掌、胡萝卜、魔芋、银杏果、海带、萝卜、芝麻和西红柿等。使其类别和风味与其他烈酒不同的地方在于生产过程，而不是原材料。

日本的烧酎大多产自日本的第三大岛——九州，据岛上居民说，当地消耗的烧酎数量几乎是其他地区的两倍。

到了 20 世纪初，烧酎已成为日本九州南部日常生活的重要组成部分。据美国学者埃拉 · 威斯威尔（Ella Wiswell）所述，20 世纪 30 年代，他本人曾在当地为婴孩取名和为学龄儿童接种疫苗的场合中被诚邀饮用烧酎。

译注：

1. 野国总管是琉球王国时代在冲绳本岛的北谷间切野国村（现为冲绳县中头郡嘉手纳町野国）的总管，是当时的官职名称。

# 特基拉酒与梅斯卡尔酒

# TEQUILA & MEZCAL

谈及特基拉酒[1]，就会联想起灯红酒绿的夜晚，特基拉酒似乎是宴会和狂欢的魔咒。从它在中美洲文化中所占据的神圣地位来看，龙舌兰是墨西哥经济中不可或缺的财富，龙舌兰酒则是这种植物的明星产物。但是，特基拉酒和梅斯卡尔酒的关系就好比工业发展与传统手工之间的碰撞。现代化的发展使得人们的口袋里丰足起来，文化交流日益增多。艺术家、度假者和酒吧顾客对这种用热带植物酿成的酒的需求永无止境。但这种需求剧增导致了历史遗留问题。即使在今天，特基拉酒和梅斯卡尔酒的生产、野生动植物和龙舌兰这样的植物的需求，仍然面临着问题。龙舌兰酒深深扎根于墨西哥的历史，其地域特色和极具文化特征的植物成分，使其在世界烈酒中独树一帜。

## 什么是特基拉酒

特基拉酒必须用龙舌兰为原料酿造，即特基龙舌兰，亦称“蓝色龙舌兰”或“韦伯蓝色龙舌兰”[2]。这种龙舌兰的叶子呈蓝绿色，其鳞茎被称为“心脏”或“果心”，因为当龙舌兰多余的刺叶被削掉后形

似菠萝。梅斯卡尔酒和特基拉酒的制作工艺大相径庭。制作梅斯卡尔酒时，龙舌兰的果心会被置于陶罐中，放在土坑中焖烤；而制作特基拉酒时，则会用蒸汽烤炉烹煮龙舌兰的果心。因此，特基拉酒没有梅斯卡尔酒的标志性的烟熏味。

烹煮过程会将天然存在的菊粉分子转化为果糖，用于发酵。待果心部分煮熟，研磨后取其果汁进行发酵，最后蒸馏。特基拉酒至少要含有 51%的蓝色龙舌兰，但许多生产商选择用 100%的蓝色龙舌兰制成。发酵时加入源自其他原材料的糖分（比如甘蔗汁）的龙舌兰酒，被称为“勾兑龙舌兰”。尽管墨西哥法律规定瓜纳华托州、米却肯州、纳亚里特州和塔毛利帕斯州也可以生产特基拉酒，但特基拉酒通常产自墨西哥的哈利斯科州。

特基拉酒按照陈年时间被分为 5 个等级[3]。白色特基拉酒，也被称为“银龙舌兰酒”“白金龙舌兰酒”“白龙舌兰酒”或“铂金龙舌兰酒”，可以在蒸馏后立即装瓶，或在不锈钢桶中贮存长达 2 个月。新酒（Joven）或黄金龙舌兰酒可以是陈年和新酿的龙舌兰酒的混合物，但通常（很遗憾地）会与着色剂（例如焦糖和调味料）混合使用。微陈级特基拉酒需在桶中陈化 2 个月至 1 年。陈年级特基拉酒的酒龄为 1—3 年。2006 年出现了一种新型的特基拉酒，被称为“超陈级龙舌兰酒”，酒龄至少为 3 年，有的高达 10 年，而世界上最古老的龙舌兰酒酒龄已超过 20 年。

## 什么是梅斯卡尔酒

梅斯卡尔酒和特基拉酒的主要区别在于产区、类别和生产工艺这三个方面。根据官方规定，梅斯卡尔酒仅限在墨西哥的 9 个州酿造，而大多数梅斯卡尔酒产自瓦哈卡州，其他 8 个州分别是杜兰戈州、瓜纳华托州、格雷罗州、米却肯州、圣路易斯波托西州、塔毛利帕斯州、普埃布拉州和萨卡特卡斯州，其中一些州也同时生产特基拉酒。与特基拉酒不同[4]的是，梅斯卡尔酒的用料比较广泛，可以用于酿制这种酒的龙舌兰多达 30 种，其中最常见的是埃斯帕丁龙舌兰，但不同的品种在口感上会略有差别，且不同的龙舌兰混合后可以产生独特的口味。梅斯卡尔酒被为分白色、微陈级和陈年级 3 个等级。

## 神圣的龙舌兰果心

在横跨加拿大南部到秘鲁的大陆上，已知的龙舌兰品种有 200 余种。由于其叶子边缘长有尖刺，极易将这种多肉植物家族与仙人掌、芦荟混淆。早期文明不仅将这些多年生植物常置于烤坑中烤熟，作为食物来源，还利用其肥硕的叶片盖屋顶。纤维叶束为布料提供了线，甚至植物的刺也可以用作针头。龙舌兰花蜜是一种流行的甜味剂，是这种植物的另一种被广为称赞的用途。这些多年生植物在中美洲的种植历史长达 1.2 万年。

在古代神话中，原住民将龙舌兰纤维视作神祇。玛雅人举行萨满仪式时会使用布尔盖酒[5]——一种 4°—8° 的乳状酒，这是通过提取和发酵大约 5 种龙舌兰中的一种的甜汁（龙舌兰汁）而制成的。阿兹特克人称龙舌兰纤维为“玛雅赫尔”，即生育女神。她的丈夫帕特卡特发现了发酵的奥秘。他们夫妇二人都是布尔盖酒之神，负责守护布尔盖酒。此外，他们养育了 400 只兔子——四百兔众神[6]（Centzon Totochtin），这些兔子都是醉神。

然而，龙舌兰不仅仅被视作可致醉的植物。1753 年，现代生物分类学的鼻祖卡尔·林奈选择了一个新的名称为龙舌兰命名，意为“高贵或优秀的品质”。为此，他选用希腊女神龙舌兰的名字“Agave”一词为其命名。作为迈那得斯酒神（Maenads，“狂欢者”）之一，Agave 是酒神狄俄尼索斯的女弟子之一。就像对生物进行分类一样，这位瑞典博物学家对龙舌兰的命名也相当严苛。龙舌兰又被称为“世纪植物”，其平均寿命为 25—40 年，最长寿命可达 50 年。鉴于其如此杰出的家族历史，不难想象为何龙舌兰可以持续生产出独特的特基拉酒，其鲜为人知的姐妹品种梅斯卡尔酒也同样受到品酒师的推崇。

## 现实反映历史之谜——蒸馏谜团

具有讽刺意味的是，特基拉酒的诞生始于阿兹特克人的灭亡。有关龙舌兰的阿兹特克创始人的不同神话版本都提及了玛雅赫尔谋杀案，玛饮特基拉酒，品人间之最。

马克·Z. 丹尼尔夫斯基
(MARK Z. DANIELEWSKI)

雅赫尔的身体和骨头变成了神圣的植物。1519 年，埃尔南 · 科尔特斯（Hernán Cortés）沿墨西哥尤卡坦海岸登陆，意图以西班牙的名义征服当地。在抵达阿兹特克的首都特诺赫蒂特兰时，科尔特斯受到了蒙特祖玛（Moctezuma）皇帝的热情接待。蒙特祖玛天真地认为，科尔特斯的到来就像预言中的阿兹特克羽蛇神（Quetzalcoatl）[7] 的降临。而科尔特斯对此一无所知，他一心想攻占这个期待能迎接上帝的城市。后来蒙特祖玛被俘获，成为科尔特斯统治阿兹特克的傀儡。在阿兹特克人发动叛乱后，虽然科尔特斯成功逃脱，但他的一个同胞在这场动乱中身亡，不幸的是，这个同胞还染有天花病毒。

天花在阿兹特克人中蔓延，因为他们缺乏免疫力，这场瘟疫夺走了约 300 万阿兹特克人的生命，人口数量迅速滑坡。由于这座城市在人口数量和综合实力上都有所下降，所以只能再次服从西班牙的统治。然而，征服者并不是只给阿兹特克人带来疾病和死亡。虽然当地人饮用布尔盖酒的历史已经有 2000 多年，但缺少将龙舌兰发酵转化为烈酒的一个关键技术——蒸馏。有趣的证据表明，中美洲的原住民很可能早在科尔特斯到达之前就已经开始了蒸馏。考古发现了粗制的壶状容器以及微型量杯等蒸馏器具，但这些器具对酿制布尔盖酒作用不大。另一些理论认为，在 15 世纪中期，菲律宾人采用的蒸馏技术与中国早期的尝试类似——在树洞中陈酿酒。无论是否存在哥伦布时期之前的蒸馏方式，西班牙的入侵致使大量的蒸馏方法和原料传入。梅斯卡尔葡萄酒开始出现，其常常被当作药物来生产，与欧洲的草药酒类似。不可避免的是，人们开始把饮用蒸馏过的龙舌兰酒当作一种消遣。这些酒最初是由农民家庭制成的，产量很小，但与烈酒的生产一样，一直供不应求。

## 栽培品种和一个叫“特基拉”的小镇

早在西班牙入侵当地之前，龙舌兰的人工种植就已经开始了。在 18 世纪中叶，人们对梅斯卡尔葡萄酒的需求大大加快了龙舌兰的栽培过程。龙舌兰可以通过两种方式进行繁衍。就繁殖方式而言，它们是单子叶植物，种子的胚中仅发育一片子叶。龙舌兰一旦成熟，就会抽出高耸的花箭，从鳞茎处向空中生长，花箭的顶端会开出花朵。类似于蜜蜂授粉的方式，采食花蜜的蝙蝠会帮助其繁殖。龙舌兰还可以通过自我克隆进行无性繁殖，其再生能力对农业种植来说价值极大。在开始种植龙舌兰用于生产梅斯卡尔葡萄酒的时期，人们会先挑选出几株龙舌兰，以获得优良品种。选择标准包括：生长周期较短；与当地环境条件和海拔高度相匹配（因为不同的龙舌兰品种偏爱不同的生长条件）；经过烘烤和蒸馏后，能酿造出味道好的酒。有的龙舌兰带有甜汁，有的则带有苦涩味。通过这种方法培育出来的龙舌兰品种繁多，其中包括蓝色龙舌兰，即韦伯蓝色龙舌兰。

1758 年，何塞·安东尼奥·德·凯尔弗（José Antonio de Cuervo）初次从西班牙国王手中获得了土地赠予，用于种植龙舌兰和蒸馏梅斯卡尔葡萄酒。凯尔弗选择了一座 200 多年前方济会僧侣在墨西哥哈利斯科州的休眠火山东侧定居的城镇——特基拉，意为“工作场所”。大约 22 万年前的一次火山喷发使土壤富含矿物质，再加上海拔高度和降雨量的环境条件，特基拉成了栽培用于酿制梅斯卡尔葡萄酒的龙舌兰的理想之地。凯尔弗的酿酒厂是第一家合法生产葡萄酒的酒厂，向西班牙王室纳税。因为生长环境无可挑剔，龙舌兰生长茂盛，1820 年墨西哥独立战争进一步推动了梅斯卡尔酒的发展，士兵们喜欢这种饮品。墨西哥战胜后，很难进口西班牙烈酒，梅斯卡尔酒慢慢受到当地人的青睐。

19 世纪 70 年代，凯尔弗酿酒厂的员工切诺比奥 · 索查（Cenobio Sauza）发挥个人之所长，创办了一家酿酒厂，并开创了独立的品牌。为了迎合美国市场，特基拉酒被标榜为墨西哥威士忌，开始向边境以北拓展销售。这两者都证实了他们率先向美国销售特基拉酒。1875 年，该地区因优良的梅斯卡尔酒享誉世界——来自该地区的梅斯卡尔酒被称为“梅斯卡尔特基拉酒”。身为企业家的索查可谓高瞻远瞩，在 1893 年世界哥伦比亚展览会上争得了一席之地。屡获殊荣的梅斯卡尔特基拉酒使得梅斯卡尔成为品质和工艺的代名词，索查对此功不可没。

到了 1920 年美国开始大规模禁酒时，众所周知的特基拉酒已经在许多美国人的口中流传开来。酒精税促使特基拉酒成为墨西哥当局者眼中炙手可热的商品，这一点从其费尽心机地制定生产标准就可以看得出来，比如规定只有选用蓝色龙舌兰才是纯正的龙舌兰酒，而后甚至拟定了原产地命名制度。为了捍卫产品的专利，特基拉酒公司设计了这些条款。他们不惜花重金改进设备，尽可能地节约经济成本，将土坑换成黏土炉，最终换成高压锅，同时摒弃了靠驴拉火山石磨的传统模式。机器无法取代的只有两件事：农民一年四季对龙舌兰的细心看护和工人们精湛的手艺。工人们顶着烈日采摘沉重的龙舌兰草心，代代传承龙舌兰的培育技术，包括剪枝的时机与方法。

## 欢迎来到玛格丽塔维尔村庄

在推行禁酒的美国，走私者手中的特基拉酒供不应求。爱探险的游客在浪漫的阳光下享用特基拉酒。通过不同酒混合而成的鸡尾酒，比如玛格丽塔酒，进一步提高了特基拉酒的影响力。《在路上》（*On The Road*）的作者杰克·凯鲁亚克（Jack Kerouac）酷爱喝这种酒，他的名言“不要为买醉而喝酒，喝酒是享受生活”经常为世人津津乐道。可悲的是，他可能享受过头了，死于肝脏并发症，享年 47 岁。特基拉酒也能赋予音乐家们灵感。在投机者乐团的庇护下，萨克斯管 (the Champs ‘Tequila’) 从默默无闻到独占鳌头。

随着法国产品被争相热捧，对于墨西哥人来说，特基拉酒黯然失色。20 世纪中期，为了重新占有市场，特基拉酒公司采用植入式广告的营销方式，在电影中多次植入墨西哥风格的牛仔男孩饮用特基拉酒的镜头，旨在赋予特基拉酒墨西哥的身份。同时，西方国家开始疯狂地爱上了特基拉酒，它成了买醉的酒。少许兑冰的玛格丽塔酒会让人清晨酒醒后遗忘过去，感到朦胧的遗憾。英国摇滚乐队 Terrorvision1998 年的热门单曲《特基拉酒》堪称典范。酸和咸的味道可以掩盖低劣的酒水调配。饮酒文化对于大型的特基拉酒公司来说是盈利的好时机，但对小型手工生产者及特基拉酒的“姊妹酒”梅斯卡尔酒而言却是噩梦。

在特基拉酒飞速成名的背后，也产生了一系列的恶果。蓝色龙舌兰狭窄的基因库及反复克隆的能力使它们的免疫力极低。蓝龙舌兰容易感染炭疽病，被细菌侵蚀，招引象甲。这与欧洲葡萄园中根瘤菌疫情相似，无疑有助于特基拉酒受到更多的关注。不仅仅是龙舌兰受到工业化的冲击，有利于龙舌兰繁殖的两种长鼻蝙蝠的食物来源也越来越少。为了防止营养价值的流失，工人们在龙舌兰开花之前就切下分株幼苗，因而切断了蝙蝠的食物源。最后，尽管人们做出了一些努力来保护农民，但大型公司垄断市场，操控着龙舌兰的价格，常常压低龙舌兰种植者的收入。直到今天，这种现象仍然存在。

值得庆幸的是，人们的态度和市场都在变化。酒吧领域的专业人士从研究的角度审视了特基拉酒，并努力培养受过更多教育的饮酒者。阿娜·瓦伦祖拉－萨帕塔( Ana Valenzuela-Zapata )和盖瑞·纳巴汉( Gary Nabhan ) 等敬业的科学家潜心研究特基拉酒和梅斯卡尔酒，规避潜在危害，以期维持植物和工业之间的微妙平衡。

大众的评价一如既往的苛刻。特基拉酒备受说唱歌手的喜爱，他们对于特定的特基拉酒品牌的钟爱就像 20 世纪和 21 世纪人对干邑白兰地的青睐一样。

然而，人们更看重品牌的质量，对最优质的特基拉酒的重新定位令人振奋。植根于神的酒饮日渐复兴，它们不再是被庸俗地一饮而尽，而是被细细品尝，久久回味。

# 调酒师力荐

## 快速通道

### 38° 微陈龙舌兰

100% 特级蓝色龙舌兰价格实惠，女演员克莱奥 · 罗科斯（Cleo Rocos）将其称为微陈龙舌兰。这款酒香气经久不衰，其橡木味给人以柔滑和细腻的感觉。这款酒适合单独饮用或者与其他酒搭配使用，这是我乘坐高铁时的最爱。

## 酒柜必藏

### 40° 塔巴迪奥白色龙舌兰

当龙舌兰酒的蒸馏英雄卡洛斯 · 卡马雷纳（Carlos Camarena）决定动手酿制龙舌兰酒时，那么必将成就经典。这款酒值得一品，完美诠释了白色龙舌兰酒的美妙。

## 酒中精品

### 40° 福塔莱萨龙舌兰老窖

吉耶尔莫 · 索查龙舌兰（Guillermo Sauza）是龙舌兰酒的传人，他没有选择现代工业酿酒方法，而采用传统工艺，雇用技艺精湛的工匠进行纯手工制作，使用传统磨坊碾碎龙舌兰心，再加上他对质量的不懈追求，最终酿成无与伦比的龙舌兰酒。这款酒含有焦糖、太妃糖和奶油糖的味道，并夹杂着淡淡的香气与柑橘味，堪称上帝的馈赠。

调配特基拉酒与梅斯卡尔酒的三种方式
3 WAYS TO DRINK TEQUILA & MEZCAL

**配方 1**

50 毫升白色或金色龙舌兰酒
20 毫升橘味白酒
25 毫升青柠汁

## 玛格丽塔

如果您认为与作家、调酒师和酒鬼一起饮用鸡尾酒可能会有失身份，这是可以理解的。这款经典的去冰鸡尾酒因调制时被用力摇晃而带有少许泡沫，但值得一品。为了使杯口带咸味，沿着杯口涂抹柠檬片，然后再导入一些细碎的海盐。

› 将所有原料加入摇壶。

› 用力摇晃 12—15 秒。

› 将饮品过滤两次，倒入冷却的鸡尾酒高脚杯。

**配方 2**

50 毫升龙舌兰酒
30 毫升粉色葡萄柚汁
15 毫升青柠汁
5 毫升糖浆
上等的苏打水

## 白兰鸽

这世上几乎没有什么比白兰鸽酒更令人耳目一新的了。如果您对其有所了解，不妨一饮为快。

› 将所有成分（苏打水除外）添加到柯林斯玻璃杯或高球杯中。

› 用冰将玻璃杯装满。

› 倒入苏打水，并轻轻搅拌。

› 饰以车轮状或楔形葡萄柚片。

**配方 3**

25 毫升金色龙舌兰酒
25 毫升菊芋酒
25 毫升甜苦艾酒（加入都灵味美思鸡尾酒口感极佳）
2 滴橘子苦精

## 墨西哥尼克罗尼鸡尾酒

植物性的、奶油色的墨西哥尼克罗尼鸡尾酒苦中带甜——对于那些尚未适应苦涩的尼克罗尼酒的人来说，强烈推荐尝试这款鸡尾酒。

› 将所有原料添加到搅拌杯中。

› 加冰并不断搅拌。

› 过滤至岩石杯中。

› 用玻璃杯装满冰块。

› 将橙子挤出汁，滴入杯中，并饰以果皮。

人总得有点信仰，不如再来点特基拉酒。

**贾斯汀·汀布莱克**

(JUSTIN TIMBERLAKE)

一杯特基拉酒，
两杯特基拉酒，三杯特基拉酒。

**乔治・卡林**
(GEORGE CARLIN)

# 逸闻轶事

特基拉酒不应该含有蠕虫，出现在一些梅斯卡尔酒瓶中的蠕虫是蛾的幼虫。一些梅斯卡尔酒的营销人员认为，在瓶内添加蠕虫不失为一种营销手段。

在墨西哥还有其他类型的梅斯卡尔酒，以不同地区命名，并由特定的龙舌兰制成。其中最常见的是巴卡诺拉酒和拉伊西亚酒。

墨西哥自治大学的科学家已经找到了一种从特基拉酒中提炼出钻石的方法。尽管这些钻石因体积过小不能用于打造首饰，但可以将其磨锐制成医疗器械，或用于替换电路中的硅组件。

译注：

1. 一般来说，龙舌兰酒可以分为三类：布尔盖酒、梅斯卡尔酒和特基拉酒。
2. 佛朗兹·韦伯（Franz Weber），德国植物学家，最早发现蓝色龙舌兰可以带来完美的品质和糖分水平，并将这种龙舌兰植物以他的名字命名为“韦伯蓝色龙舌兰”。
3. 特基拉酒按照陈年时间被分为5个等级，由低到高分别为：白色、新酒、微陈级、陈年级和超陈级。
4. 在200多个龙舌兰植物品种中，只有蓝色龙舌兰能用来酿制龙舌兰酒。
5. 布尔盖，用龙舌兰草心为原料，经过发酵制造出的一种龙舌兰酒。
6. 墨西哥阿兹特克神话中的狂欢和酒之神，一群喝多了的兔子。
7. 羽蛇神，阿兹特克人与托尔特克人崇奉的神，被描绘为长羽毛的蛇形象。

# 波旁威士忌

# BOURBON

波旁威士忌和黑麦在很多方面都受到了爱尔兰和苏格兰威士忌的影响。移民者首次发现玉米可以用于蒸馏，为生产出具有地域特征的威士忌奠定了基础。美国威士忌的故事从一开始就象征着叛逆。威士忌能够陈酿 400 年而不挥发的特性使其在世界烈酒行列卓尔不群。和所有的烈酒一样，虽然波旁威士忌的品质众说不一，但它的存在具有一定的进步意义。令人遗憾的是，很多人认为波旁威士忌比不上苏格兰威士忌和爱尔兰威士忌。除了少量的粉丝外，波旁威士忌鲜有人问津。

## 什么是波旁威士忌

波旁威士忌是一种用 51% 以上的玉米混合其他谷物（包括大麦麦芽、小麦和黑麦）进行发酵并经过蒸馏的烈酒。馏出物的酒精度最高可以达到 80° 。蒸馏出的被称为“白狗”的酒精必须放入新的、内壁经烘炙的美国白橡木桶中，这是其他任何桶无法替代的。装入酒桶的威士忌不能高于 62.5° 。有趣的是，一旦放入桶中，波旁威士忌本身就没有最低酒龄要求，但其子类别却有时间限制，这一过程中不可以

向波旁威士忌混入任何添加剂。最终，瓶装波旁威士忌的酒精度必须高于 40°。

如果生产商想称自己的酒为“波旁威士忌”，其酒的陈化时间不得少于 2 年。如果他们愿意这样做，且没有在瓶子上注明酒龄，则酒必须陈化 4 年以上。单桶威士忌则指源自同一橡木桶的威士忌，而不同橡木桶里的威士忌风味也是不一样的。然而由于没有确切的参照标准，所以很难定义何谓“小批量威士忌”。瓶装威士忌往往由不同桶中的威士忌勾兑而出，其成分的种类完全取决于生产者。虽然这并不代表质量的好坏，但却意味着一些可怜人必须品尝多款威士忌才能决定如何调配出可口的波旁威士忌。还有一些混合物，其原料必须至少含有 51%的玉米，但可能含有添加剂或色素。值得注意的是，尽管世界上约有 95%的波旁威士忌都产自美国肯塔基州，但并不代表所有的波旁威士忌都产自肯塔基州。

## 一种新型农作物与来自旧世界的质疑

玉米是一种谷物作物，美洲原住民已经种植了 6000 多年。据悉，中美洲人最初是在大约 7000 年前，在现在的墨西哥地区驯化了这种谷物。在世界各地，玉米的农业价值都无与伦比。该农作物可以作为主食，以支持卡霍基亚等前殖民地城市。密西西比城始建于公元 600 年左右，到了 13 世纪中期，其美洲原住民人口数量约为 1.5 万，与当时伦敦的人口数量差不多。美洲原住民发现了玉米、枫树汁、龙舌兰纤维都是可以发酵的。虽然玉米的进口管制严格，只在宗教场合使用，但中美洲人和美洲原住民却经常发酵玉米。

在 17 世纪的头 10 年，朝圣者和清教徒定居者第一次涌入北美。他们大多是想能够自由地布道，免遭迫害。多数人定居在后来成为新兴国家的东部沿海地区。人口的增长使其疆土拓展到西部边境的内陆地区。一些最早进入美国的英格兰、爱尔兰和苏格兰移民对“印第安玉米”表示怀疑。因为欧洲人从未见过这种玉米，他们认为玉米可能使早期定居者变成“野蛮人”，所以他们没有选择玉米，而是选择在北美中部较冷的北部和山区种植黑麦。苏格兰与爱尔兰人热衷于酿酒，他们迅速利用了从家乡带来的设备和知识搭建起简易的蒸馏装置，通过将谷物酿成威士忌解决谷物的储存问题。同时，因为当地现金不足，威士忌酒通常还被当作交换媒介。黑麦威士忌成为偏远地区平民的主流饮品。然而，另一种酒将长期位居美国烈酒榜首。

## 美国朗姆酒与波旁郡

从 17 世纪到 18 世纪中叶，威士忌尚未成为美国最受欢迎的饮料。新英格兰、波士顿和纽约的蒸馏行业蓬勃发展，将廉价的加勒比糖蜜用于酿造烈酒，从英国的海岛殖民地大量进口朗姆酒。英国和北美之间的利益冲突引发政治冲突，最终导致了战争。1775 年爆发了第一次战争。

1776 年 7 月 4 日，13 个英属殖民地联合签署美国《独立宣言》（*The Declaration of Independence*）。到了 1783 年，由于法国向美军提供援助，英国终于承认美国独立。由于战争期间无法从加勒比海进口，美国不得不再次依靠当地制作的酒来维持生活。

由于所有人都需要大量的烈酒，威士忌酒业才真正开始腾飞。1774 年，弗吉尼亚州的哈罗德堡建立了定居点，即后来的肯塔基州。移民风潮继续盛行，那些向西进入内陆的人们开始制作与东部的黑麦截然不同的威士忌。在 1792 年成立的肯塔基州，玉米生长周期短，经过碾磨后产生的面粉更多，并且比黑麦更容易种植。就像他们的祖先所做的那样，农民把过剩的玉米通过酿制，变成了威士忌。1785 年，美国人以法国皇室的名字命名了一块巨大的陆地——波旁郡，以纪念革命期间法国对美国的援助。但这里运输条件很差，当地人将饮用不完的威士忌装上平底船，从石灰岩港口沿着密西西比河顺流而下。波旁郡被划分为多个部分之后，其面积锐减。尽管如此，它还是被亲切地称为“老波旁”。所有被运输到像新奥尔良这样的城市的威士忌，酒桶上都会被贴上“老波旁威士忌”的标签。最终，人们开始认为“老”是指威士忌的年代。彼时，“老波旁”不再指代地名——波旁郡。

陈化虽然尚未普及，但运输过程中的颠簸以及在桶中的贮存使威士忌味道醇厚。这种以玉米为主要成分酿制而成的威士忌逐渐获得世人的认可，其发展之路不同于黑麦威士忌。

总是用你握枪的手举杯饮酒，
以显示你友好的意图。

**苏格兰克朗代克谚语**

# 威士忌男孩——威士忌暴乱

到了1791年，美国国内生产的威士忌的数量已经足够多了，乔治·华盛顿总统（President George Washington）拟通过征收威士忌消费税来填补战争造成的亏空，但农场酿酒师认为这侵犯了他们的自由权。当宾夕法尼亚州的一名税务员试图征税时，遭到16名男扮女装的人的围堵。这位官员遭到泼脏物等暴力威胁，只能无功而返。人们通过这种方式表达不满。不只是这位官员遭到攻击，但凡遵守威士忌税法的酒商都受到不同程度的威胁，有些蒸馏锅被装满了子弹。为了纪念勇敢的反抗者，他们对外选用“汤姆·廷克”（Tom the Tinker）的称呼。事件持续发酵，最终演变成一场由这些威士忌男孩参与的威士忌暴乱。

1794年，宾夕法尼亚州的农民在接到指令后联合抵制税收。当他们到达匹兹堡时，队伍已经扩大到5000人。乔治·华盛顿总统开始组建武装队伍以震慑那些公然违抗政府旨意的叛乱者。当武装队伍建立之后，威士忌男孩们几番思量之后最终选择投降，但是大众对于取消消费税的呼声得到关注。1802年，此项税收被废除了。有趣的是，华盛顿上任后，他在苏格兰蒸馏厂的帮助下继续开设自己的黑麦酿酒厂。

在接下来的100年里，美国威士忌在运输环节和蒸馏技艺方面均取得了重大进步，但酒的性价比并未得到提升。黑心的威士忌酒分销商以次充好，用未经陈化的劣质酒冒充良心商家精心酿造的优质酒，一度形成众多利益团伙。威士忌环丑闻（Whiskey Ring）正是当时政府官员贪污腐败的佐证。针对这些利益团体展开的调查甚至惊动了驻白宫的国务卿。威士忌酒帮集团的解散导致其他人取代了他们的位置。在 19 世纪 60 至 70 年代，威士忌信托基金会（Whiskey Trust）低价兜售劣质威士忌酒，这些勾当虽然有损威士忌的声誉，但也带来一些积极的影响。从 1870 年开始，乔治·加文·布朗（George Gavin Brown）将老林官波旁威士忌装入玻璃瓶中，试图贩卖具有药物疗效的威士忌。相比于酒桶，酒瓶不易受到污染，工业化生产降低了玻璃瓶的生产成本。直到禁酒令的实施，行业内才开始有人效仿。

托马斯·雪莉（Thomas Shirley）引入波旁威士忌，成为高品质威士忌的代表。埃德蒙·海斯·泰勒上校（Colonel Edmund Hayes Taylor）将肯塔基州的酿酒师联合起来进行游说抗议，这是捍卫波旁威士忌声誉斗争中最伟大的成就。这些努力促成了 1897 年的《保税储存法案》（*Bottled in Bond Act of 1897*）和《纯净食品和药物法》（*Pure Food and Drug Act*），其中规定了波旁威士忌的参数标准，并沿用至今。

## 戒酒、禁酒和 20 世纪的呐喊

虽然许多美国创始人对饮酒和宗教信仰同样虔诚，但是也不乏有人持反对立场。据说美国人爱喝酒，有人从早喝到晚，这与托马斯·杰弗逊总统（President Thomas Jefferson）有关。他认为，对国家来说，相比于烈酒，葡萄酒是更好的选择。本杰明·拉什（Benjamin Rush）

博士专门写了一篇文章呼吁提防烈酒的潜在危害，表达了担忧之情。此后 10 年，这篇文章被反复多次刊发，影响深远，警醒世人。1808 年，美国第一家禁酒协会在纽约成立。20 世纪，禁酒协会如雨后春笋般遍布美国大地。他们再三提倡制约州法。1920 年，美国正式颁布禁酒令。

禁酒令不但没有遏制消费，反而助长了一种新的非法饮酒文化。在响彻爵士乐的非法酒吧里，充斥着大量的进口酒和自制酒。鸡尾酒因其果汁等成分而得以豁免，一度流行开来，禁酒令为犯罪活动提供了市场。像阿尔 · 卡彭（Al Capone）这样的头号人物通过走私酒牟取暴利，腐败之风盛行。法官、国会议员和警察通常因其价格合理而睁一只眼闭一只眼。

当局者想要管制酒精，这是不可能的。1928 年，当局查获近 50 万加仑的违禁酒时，发现 98%的酒都是有毒的，但这并没有起到警醒世人的作用。1927 年，纽约市的饮酒场所的数量比禁酒令颁布前翻了一倍。然而，选择这种可能有毒的酒品的唯一好处就是，饮酒者是按照酒名而不是品类点酒。进口酒是地位的象征，是成熟和财富的标志。女性通常不会出现在合法的沙龙中，她们成群结队地到非法酒吧，以和男性一样的方式饮酒。

但喧闹的派对和诈骗行为不会持续太久。1929 年的华尔街金融市场崩盘对经济造成了灾难性的影响，罪魁祸首之一就是禁酒令。在推行禁酒令的 13 年中，因酒精税造成的税收损失和维持禁酒令的开销估计约为 110 亿美元。1933 年，富兰克林 · 罗斯福总统宣布撤销禁酒令。自此，美国人重获蒸馏和畅饮波旁威士忌的自由。

在禁酒令施行期间，尽管许多波旁威士忌酒厂被被迫关闭，但有些厂商通过将威士忌作为药剂出售而幸存下来。第二次世界大战结束后，没有了战火的摧残，波旁威士忌行业逐渐复苏。禁酒令解除之后，生产商逐渐开始增添新设备。然而，波旁威士忌的销量自20世纪70年代起迅速滑坡。即使在今天，波旁威士忌生产商也不得增加产品的种类以提升竞争力，这不一定是一件坏事。许多知名品牌已经开始在酒桶上下功夫以彰显独特性，并且甄选不同系列的产品。波旁威士忌和黑麦威士忌的生产虽然鲜有更新，但却秉承传统精髓。一般来说，产品如果不能与时俱进，则难逃被淘汰的厄运。但对于波旁威士忌和黑麦威士忌来说，矢志不移反而使其独树一帜。但愿波旁威士忌和黑麦威士忌能够前程似锦。

威士忌没有好坏之分，只有好与更好。

**威廉·福克纳**

(WILLIAM FAULKNER)

# 调酒师力荐

## 快速通道

### 50.5° 野火鸡 101

如果这款酒对亨特 · S. 汤普森（Hunter S. Thompson）有益，夜晚，我将在桌前独享一瓶野火鸡 101。在我看来，饮酒之乐不在酒而在意。有人会认为酒精是远离俗尘喧嚣的好途径。亨特的酒量可能不及他心中的“恶魔”（他们从没输过），但他总是乐此不疲。鉴于其酒精度数，这款酒会让人误以为其口感顺滑。

## 快速通道

### 43.2° 伍德福德双橡木珍藏

我钟爱这款波旁威士忌。常规的伍德福德酒十分气派，与其他知名品牌不同的是，这款酒一直在不断创新。其口感夹杂着橡木味与辛辣味，是对老式威士忌的创新。如果您想尝试简单朴素的老款，那就选择常规的伍德福德，您一定不会失望。

## 酒柜必藏

### 直接桶装式布兰顿鸡尾酒，度数不一

熟悉波旁威士忌的饮用者已经喝不到苏格兰单麦芽威士忌。波旁威士忌生产商正在试图扭转局面。选择布兰顿，您就选对了。您会爱不释“口”，这款酒是广受称赞的高品质酒。

调配波旁威士忌的
三种方式
3 WAYS TO DRINK BOURBON

**配方 1**

50 毫升波旁威士忌
4 滴安格斯特拉苦酒
1 块方糖
1 滴苏打水

# 古典鸡尾酒

这款鸡尾酒是本书中最古老的鸡尾酒之一，属于必点系列。可以根据个人口味加入不同分量的糖，这是一款完美的餐后酒。

› 将方糖放入岩石杯中。

› 将苦酒滴到方糖上。

› 然后将苏打水倒在方糖上。

› 压碎方糖并搅拌直至溶解（如有必要，可加1滴威士忌）。

› 加入波旁威士忌和两块冰。

› 搅拌直至冰溶解。

› 加入适量冰块。

› 将橙子挤出汁，滴入杯中。

**配方 2**

50 毫升波旁威士忌
25 毫升柠檬汁
20 毫升清糖浆
10 毫升红酒
4 片柠檬叶
1 个鸡蛋的蛋清（可用于调配 2 杯酒）

## 纽约酸

纽约酸以薄荷、威士忌、鸡蛋和葡萄酒为原料，恳请您尝试一下。许多调酒师不使用鸡蛋和薄荷，只选择葡萄酒。我与他们不一样，但如果您这样做，我也不会反对。保险起见，不加入薄荷和葡萄酒，可以喝到完美的威士忌酸味。感兴趣的话，不妨试一试！

› 将所有原料添加到摇壶中。

› 干摇 13—15 秒，注意不要溢出。

› 加入冰块，再用力摇 13—15 秒。

› 将饮品过滤两次，倒入事先冷却的高脚杯或罗马酒杯中。

配方 3

# 远离城镇的鸡尾酒

25 毫升波旁威士忌
25 毫升莱尔德的苹果白兰地
12.5 毫升比安科苦艾酒
12.5 毫升干苦艾酒（我使用过澳大利亚本土的芳香苦艾酒）
2 滴安格斯特拉苦酒

与经典的曼哈顿相比，这款鸡尾酒度数更低、更芳香。在夏日里来一杯，惬意无比。

› 冷却高脚杯。
› 将所有原料添加到搅拌杯中。
› 加冰并搅拌，直至充分稀释、冷却。
› 剔除冰块。
› 过滤至玻璃杯。
› 将柠檬挤出汁，滴入杯中。

凡事有度，过犹不及，
但是威士忌则不然，反而多多益善。

**马克·吐温**
(MARK TWAIN)

# 逸闻轶事

像其他威士忌一样，波旁威士忌的颜色也受到酒桶陈酿过程的影响。所有的威士忌刚蒸馏出来的时候都是无色的。拿“绿色”威士忌来说，它们在桶中陈酿达到一定的时间才开始吸收木桶的颜色、单宁和香草醛（黄油、焦糖、香蕉、椰子以及香草的分子）。

在禁酒令施行期间，政府只是禁止买卖酒，并没有规定不可以拥有酒。波旁威士忌酒厂商发现他们自己陷入了一个有趣的困境。虽然政府查封了他们的仓库，但从严格的法律意义上来说，库内存储着的数百万加仑酒的所有权仍然属于厂商。一些厂商会私下偷取自己仓库中的酒在黑市上出售。

在第二次世界大战期间，美国波旁威士忌酒厂开始专门为战争而酿酒。他们生产的酒多达 12 亿加仑，广泛用于制造合成橡胶、塑料、炸药及防冻剂等。

# 朗姆酒

# RUM

别看如今的朗姆酒甘甜可口，其发展过程可谓一波三折。朗姆酒自殖民主义时代伊始就作为一种珍贵的商品支撑着奴隶贸易和皮草贸易。奴隶和水手借朗姆酒消愁。尽管朗姆酒的药用价值很高，但在很多疾病面前仍然无能为力。此后，朗姆酒的精神应运而生，成为休闲和度假的代名词。朗姆酒通常是提基风格鸡尾酒的基酒，即使在最寒冷的气候中，朗姆酒也能使人浮想起温暖的海岸和波光粼粼的海面。

## 什么是朗姆酒

朗姆酒是由甘蔗汁或糖蜜（一种浓稠的糖浆，制糖过程中的副产品）发酵而成的。世界七大洲中有 6 个大洲都生产朗姆酒，但朗姆酒大多产自加勒比海和南美洲。因为朗姆酒的风格多样和生产技术的繁复不同，让人指不胜屈。从甘蔗朗姆酒、甜朗姆酒到香蕉甜酒（浓郁的牙买加风格）应有尽有，所以很难对朗姆酒进一步定义。朗姆酒可以是未经陈化的，也可以置于桶内进行陈化，最古老的桶装朗姆酒已有 50 年的历史。朗姆酒的度数范围很广，从 37.5° 到 85° 不等。下面简单介绍几种主要的朗

姆酒类型。

白朗姆酒：没有经过陈化或在酒桶中陈化时间极短的朗姆酒，其颜色范围从无色到浅草色。

黄金朗姆酒：在酒桶中的陈化时间长短不一，或使用焦糖进行着色，其颜色从浅金色到浓郁的深红琥珀色不等。

深色朗姆酒：经过陈化的朗姆酒，在混合调配时一般会添加焦糖调色。

香料朗姆酒：通常是在陈年酒中加入水果皮和香料（例如丁香和全香浆果），口味更甘甜。

## 甘 蔗

甘蔗是一种多年生的草本植物，有 30 多个品种，被归类为甘蔗属。据称，公元前 8000 年，新几内亚最早开始种植甘蔗。公元前 6000 年，中国等诸多国家已经开始种植甘蔗。用甘蔗发酵的最早记录出现在大约 3800 年前的印度手稿《心情愉悦之书》（*Book of the Happy State of Mind*）中。公元 326 年，亚历山大（Alexander）大帝的将军在印度初次接触到甘蔗，甘蔗自此进入欧洲人的视线。他试图将其他热带植物带回希腊，但失败了，因为这些草本植物在地中海环境条件下无法生存。

到了中世纪，甘蔗已成为求之不得的商品。信仰基督教的商人与来自中东和非洲的穆斯林进行贸易往来。随着供糖缺口日益增大，欧洲基督徒开始寻找适合种植甘蔗的土地，以满足市场需求。15 世纪后期，他们终于找到了适合种植甘蔗的“天堂”。

## 南美洲和加勒比海的早期殖民

1492 年堪称人类历史的典范。穆斯林摩尔人被驱逐出西班牙格拉纳达，这些人来自非洲或中东地区。他们不仅带来了宗教和规则，还带来了科学、数学、医学，以及对不同宗教的包容心（以更高的税金为代价）。同年 10 月 12 日，克里斯托弗 · 哥伦布（Christopher Columbus）登上美洲大陆，他认为自己所到之处是东印度群岛。他发现了巴哈马群岛、大安的列斯群岛和小安的列斯群岛的北部群岛，这些地区都被塔伊诺人所统治。小安的列斯群岛南部的岛屿上住着少量的加勒比海人。哥伦布因为帮助当地人衡量金耳环和军事力量而受到礼遇。第二年，哥伦布第二次航行给当地人带来了许多农作物，有烟草、葡萄藤，以及加勒比海从未有过的农作物——甘蔗。船只还运送了物资和人员来壮大新的西班牙殖民地。葡萄牙人紧随其后，宣示其在巴西大陆周边岛屿的主权。

西班牙定居者对葡萄牙人的食言感到愤懑。16 世纪初期，葡萄牙人开始运用在非洲殖民地习得的技能生产糖。然而，由于生产规模庞大，巴西的契约仆人和早期定居者难堪重负。奴役美国原住民的企图引发了叛乱与牺牲，当地人因熟悉自己的国土，在反奴役的斗争中获得成功。

但许多原住民因为缺乏免疫力而死。因此，殖民者只能从非洲的阿拉伯商人那里购买奴隶，并作为劳力输送到新的殖民地。

最初的劳力多是罪犯、战俘或无法偿还债务的人。人们对奴隶制并不陌生，毕竟奴隶和契约奴隶已经存在数千年。直到 17 世纪 40 年代，英国人在非洲的奴隶人数超过了西印度群岛的黑人奴隶人数。但因为需要奴隶来提高生产力，所以人口拐卖市场空前繁荣。这是人类历史上第一次将奴隶纳入提升经济发展的因素的一部分。资本主义的试验导致了天价利润和人道主义灾难。到了 1807 年，光是英国人携带的非洲奴隶人数就多达 310 多万，而最终存活下来抵达目的地的只有 270 万人。有些人宁愿选择跳海自尽也不愿意被当成商品交易。朗姆酒也是贸易过程中最重要的交易物品。

## 劣质酒和早期蒸馏

英国和法国很快就找到了属于自己的阳光岛屿。1607 年，英国人意外发现巴巴多斯岛。到了 1627 年，他们在霍尔敦有了一个定居点。1635 年，马提尼克岛沦为法国殖民地。为了创收，人们种植了棉花、靛蓝草和烟草，但这些作物都不太适应当地气候，长势不如甘蔗。

17 世纪的头 25 年，殖民者和俘虏都喜好饮酒。发酵的啤酒不仅帮助非洲人抑制恐惧，还提供了一种保护其祖传酿酒方法的途径。一切可以发酵的东西，包括木薯和红薯，都被用于发酵。棕榈树被用来

一具死尸上躺着五个醉汉，
他们竟在瓜分一瓶朗姆酒！
想象一下这对其他人所造成的伤害。
好一瓶朗姆酒！

罗伯特—路易斯·史蒂文森
(ROBERT-LOUIS STEVENSON)

酿造成棕榈酒，这种酒在西非社会中非常重要。被奴役的人们还聪明地利用了糖锅和糖蜜中的残渣，这些残渣之前被视为无用的废料，后来被用来喂牛或制成劣质糖。定居在此的殖民者还尝试种植菠萝、车前草、香蕉和橙子。这种对酿造的兴趣加上对蒸馏的了解，最终造就了第一批朗姆酒。

早在 1631 年，在巴巴多斯，朗姆酒就被蒸馏出来了。1640 年左右，在马提尼克岛就有关于朗姆酒的报道。当时，巴西主导着制糖业。从 17 世纪 40 年代开始，巴巴多斯效仿巴西的做法——让甘蔗成为主要农作物。因此，每块多余的空地都被优先考虑种植甘蔗。顺便说一句，这可能是荷兰对巴西北部的临时统治可能导致了甘蔗酒的生产——巴西朗姆酒是通过甘蔗汁而非糖蜜发酵而成的。

当然，巴巴多斯的甘蔗种植园配备有酿酒厂，通常由被奴役的酿酒师经营。1655 年，英国从西班牙手中收购了牙买加，朗姆酒的产量增加。朗姆酒在国际上的价值等同于货币。当然，大多数朗姆酒被殖民者自己喝了。在马提尼克岛众所周知的“戛纳生命之水”或在英国殖民者中被称为“劣质酒”的酒仍被认为具有药用价值，因此，岛上的居民通过饮用朗姆酒来抵御疾病。

在加勒比地区寒冷的夜晚，为了防止奴隶感染风寒，药剂师会给奴隶们分发朗姆酒来御寒。而有些奴隶主则较为冷酷无情。高热量的朗姆酒不但价格低廉，而且能够提供主食之外的大量能量。17 世纪 50 年代，尽管朗姆酒的生产技术已经相当成熟，但巴巴多斯生产的朗姆酒出口份额只占10%—15%，剩余的由其本国居民消耗。在艰苦的环境中，时有打斗发生。这就是“朗姆酒”一词的由来，源于英语单词“rumbullion”，意思是“一场巨大的骚动”。

## 给海盗、海军定量供应酒

到了17世纪末，朗姆酒在大西洋贸易路线上的地位日益稳固。这起源于税收。对于缺酒的海上航行来说，只要是朗姆酒，不论质量好坏，都会被一抢而空。朗姆酒的最大供应商在巴巴多斯，他们主要面向北美消费者。1676年，北美禁止蒸馏谷物，这意味着蒸馏厂只能寻找一种新的蒸馏物质。从1699—1701年，巴巴多斯朗姆酒占总外贸出口量的19%，但出口糖蜜的比例更高。美国人已经习惯于自己酿造朗姆酒。

同样，法国殖民地（从加拿大到今美国的路易斯安那州）也同样收到了大量产自法国殖民地的朗姆酒。法国和英属加勒比海的朗姆酒对毛皮商人来说是非常贵重的。尽管明令禁止与原住民交易朗姆酒和威士忌，但烈性酒还是对美洲原住民产生了伤害。西班牙殖民地有生产朗姆酒的潜力。值得庆幸的是，那些当权者担心烈酒消费会产生负面影响，特别是对原住民的影响，1693年，西班牙王室颁布了禁止生产朗姆酒的法令。但这远不是一种完全高尚的举动。西班牙人、法国人和葡萄牙人都拥有各自的酒精工业来保护自己。因为英国人没有像白兰地或葡萄酒这样畅销的酒，并且对杜松子酒的忧虑与日俱增，所以英国人选择从朗姆酒的生产中牟取暴利。

由于通过海陆交易的朗姆酒数量多、利润高，投机者势必会不择手段。加勒比地区的海盗在 17 世纪 60 年代和 17 世纪初期尤为猖獗，这毫无疑问是因为职业因素所致。通俗故事中描述的海盗传奇故事常常掩盖了其令人发指的罪行。亨利 · 摩根爵士（Senry Henry Morgan）的名字耳熟能详，他是查理二世国王（King Charles II）的雇佣军军官。摩根的交易如下：作为攻击西班牙在哥伦比亚或古巴的船只的回报，他有权侵占任何收缴来的财物。他的业务是有利可图的，但事实证明，除了对英国人（Blighty[1]）有用，这种方法实在丧尽天良。1670 年，摩根带领海盗向巴拿马发起进犯，海盗攻入城中，猖獗洗劫、放火。巴拿马圣洛伦佐一战可谓海盗史上规模最大的一次交兵。不久，英国与西班牙签订了休战协约。摩根因此被英国当局诱捕，并引渡回英国。但因为摩根太有影响力，他不仅没被问罪，还被授予爵位，出任牙买加副总督，在那里度过余生，最终因过度饮用朗姆酒而丧生。

英国人的利益深深植根于售卖其生产的加勒比朗姆酒，北美朗姆酒给英国人带来的竞争危机感，使得伦敦有理由为 1733 年的《糖蜜法案》（*Molasses Act*）呐喊，该法案提出将糖蜜出口关税增加一倍。然而，北美蒸馏厂并没有缴税，而是选择从其他地方偷购糖蜜，这导致了 1764 年《糖法》（*Sugar Act*）的颁布。如果英国皇家海军怀疑一艘船上藏有糖、朗姆酒或糖蜜之类的非法货物，他们有权登上该船并缴获任何被视为非法的物品。实际上，这赋予了英国海盗合法的权力。日益加剧的政治局势导致北美殖民者团结起来反对英国。经过近 10 年的斗争，美国夺得自由。

在整个 18 世纪的英国，鉴于松子酒的某些弊端，朗姆酒一跃成为时尚之选。政府认为朗姆酒是把握烈酒市场的一次机遇，当时法国和西班牙是烈酒市场的主导者。对于无法负担从欧洲大陆进口白兰地或葡萄酒的费用而又渴望改善生活质量的英国人来说，这种烈酒是一种具有异国情调的奢侈品。虽然明知饮酒有害健康，但 18 世纪 50 年代的英国人仍旧认为朗姆酒比杜松子酒、白兰地更健康。1731 年，英国政府向其陆军和海军发放酒饮进一步刺激了需求。官方的配给是每天 1 加仑啤酒，但也可以用朗姆酒代替。除此之外，1775 年，政府规定朗姆酒是皇家海军配给必不可少的一部分，这一规定一直延续到 1970 年。

## 叛乱、废除和禁酒

最终，在多方面因素的作用下，英国废除了奴隶贸易，朗姆酒产量受此影响而滑坡。自从奴隶制实行以来，尽管有许多基督徒表示反对，但暴利使得他们的抗议之声一再被忽略。同样，从事贩卖人口的人也选择性地忽略基督徒们的反对声。从三角奴隶贸易开始，非洲诸国就与人口贩卖者进行抗争，并向欧洲法院申诉，但这些上诉并没有得到重视。在从西非横渡至西印度群岛的中央航线[2]的船只上，以朗姆酒为生的人经常反抗，估计每 10 艘船中就有 1 艘船上的囚犯会奋起反抗。当船只抵达目的地，反抗分子逃窜，并自成派系。他们形成一支庞大的“栗色部队”，频繁地与殖民者斗争。

奴隶贸易的重大转折点是圣多明各解放运动。重获自由的男子和女子们在这片土地上宣夺主权，即现在的海地。为了平息抵制运动，奴隶贸易的利润不断下降，与此同时，大西洋两岸的废奴主义者数量不断攀升。1808 年，奴隶贸易终止，但是直到 1834 年该地区的奴隶制才被正式废除。多年之后，英国才在其他地区的东印度公司中废除奴隶制。直到 1928 年，塞拉利昂在国际联盟的压力下才废除奴隶制。即使在加勒比地区，旧奴隶主仍然从中获利，海地等国家被迫向殖民主义国家赔偿利润损失，金额高达如今的数百亿美元。

废奴令对朗姆酒产量的影响是巨大的。全球的其他殖民地的契约奴隶被召集起来以继续生产朗姆酒。然而，加勒比地区居民对朗姆酒态度的转变，加上欧洲人将朗姆酒与奴隶联系起来，最终导致朗姆酒供求缩减。19 世纪后期，新的欧洲基督教传教士蜂拥而至加勒比地区。他们的节制教义产生了一些奇怪的效果。19 世纪 90 年代，受基督教思想的影响，牙买加朗姆酒产量最高，但其朗姆酒消费量最低。另外，虽然巴巴多斯朗姆酒的产量暴减，但由于受传教士的影响较小，所以当地朗姆酒的消费量仍然较高。

## 苦尽甘来

在整个 20 世纪初期，美国的禁酒令增加了加勒比地区的酒精产量。由于禁酒令，鸡尾酒不但在美国而且在国外也流行开来，美国人可以利用在国外度假的机会开怀畅饮，无须顾虑是否违法。对于那些无法负担出国费用的美国人来说，有许多私自贩卖朗姆酒的供应商可供选择。禁酒令被废除之后，汉弗莱·鲍嘉（Humphrey Bogart）和查理·卓别林（Charlie Chaplin）等人可以在好莱坞的一家新酒吧找到自己喜欢的鸡尾酒，酒吧供应着华丽而独特的鸡尾酒。在唐·海滩流浪者餐厅[3]（Don the Beachcomber's），朗姆酒成为欧内斯特·甘特（Ernest Gantt）发明的提基酒的基酒。

在20世纪最后的25年里，伏特加酒和杜松子酒取代了朗姆酒，成为最受欢迎的烈酒。然而，在刚过去的30年中，朗姆酒复兴了。受提基酒启发的酒吧、新上市的加香料的朗姆酒和一些真正美味的朗姆酒的出现，使这种酒饮料在人群中得到普及。印度是全球朗姆酒饮用量最大的国家，印度人喝兑冰或兑可乐的纯朗姆酒。鉴于朗姆酒与可乐等添加剂的调和和其在全球范围内的普及性，它经常被误作一种普通的饮品，但这种印象正在改变。在行业狂热者和调酒师的心中，朗姆酒的地位与干邑和苏格兰威士忌相当，被看作一种精致的酒饮。与其他酒不同的是，朗姆酒成功地获得了不同群体的青睐，从舞厅到高级餐厅制作的朗姆酒糕点，都能见到它的身影。

从奴隶制到海上之旅的艰辛，朗姆酒一直是历史上艰难时期的安慰剂和催化剂。那些时代的声音仍然在耳畔回响。烈酒强势回归，很多人将其视作最美味、最有用的酒。朗姆酒不仅拥有悠久的历史，还能够帮助人们回忆过往。朗姆酒享誉全球自然无可厚非。

# 调酒师力荐

## 快速通道

### 40° 甘蔗之花四年窖特干朗姆酒

这款源自尼加拉瓜的美味朗姆酒独树一帜，不同于您对朗姆酒的期待。当这款酒用于调配代基里酒时，可谓妙不可言。

## 酒柜必藏

### 57° 史密斯和克罗斯鸡尾酒

这款产自牙买加的高品质朗姆酒，瓶身呈深蓝色，散发着浓郁的香蕉味。这款高品质的单桶朗姆酒让人难以抗拒。

## 酒中精品

### 43° 埃尔多拉多 15 年特别珍藏

这一圭亚那式的酒选用纯粹的全木塞。自酿酒厂出品时品一口，令人赞不绝口。

调配朗姆酒的
三种方式
3WAYS TO DRINK RUM

**配方 1**

50 毫升白朗姆酒
25 毫升青柠汁
15—20 毫升糖浆
8—10 片薄荷叶
25 毫升苏打水

## 莫吉托

莫吉托鸡尾酒意为“小魔法”。人们常常误以为需要加入薄荷。薄荷叶片下方的薄荷囊很敏感，一接触到昆虫就会打开。其实用勺子搅拌可以使其味道更浓，碾碎薄荷枝叶会使得酒中含有苦味。

› 将所有原料（苏打除外）添加到高球杯或柯林斯玻璃杯中。

› 装入 2/3 杯的碎冰。

› 充分搅拌，使叶子均匀分布在玻璃杯中。

› 加入碎冰（压入玻璃杯中）。

› 加入苏打水。

› 加冰盖、吸管，并饰以薄荷枝。

**配方 2**

20 毫升马提尼克金朗姆酒
20 毫升牙买加金朗姆酒
20 毫升巴巴多斯金朗姆酒
10 毫升橘味白酒
15 毫升杏仁糖浆
25 毫升青柠汁

## 迈泰酒

迈泰酒得名于夏威夷语，意为“最伟大的”或“冠军”。对于这一点，我完全同意。

› 将所有原料添加到摇壶中。
› 用力摇动 12—15 秒。
› 将饮品过滤两次，倒入老式的玻璃杯中。
› 加入冰块。
› 加入吸管，并饰以薄荷枝、鸡尾酒樱桃和楔形橘子片。

**配方 3**

35 毫升白朗姆酒（甘蔗之花特干四年窖口感极佳）
10 毫升新鲜青柠汁
30 毫升新鲜葡萄柚
10 毫升糖浆
注入适量香槟

## 气泡朗姆酒

超级清新，超级简单。

› 将所有原料（香槟除外）添加到摇壶中。
› 加冰，摇动 3 次。
› 将饮品过滤两次，倒入事先冷却的鸡尾酒高脚杯中。
› 将葡萄柚皮挤出汁，滴入杯中。
› 当我们想到海滩的时候，来一杯。

战胜恶魔的唯一办法就是坚持到黄昏，
用朗姆酒驱除鬼魂。

**亨特·S. 汤普森**
(HUNTER S.THOMPSON)

# 逸闻轶事

霍拉西·纳尔逊勋爵（Lord Horatio Nelson）在1805年的特拉法加海战中不幸罹难，水兵们将他的遗体置于朗姆酒中保存以防止腐烂。当舰队返回英国时，酒桶里所有的酒被士兵偷喝殆尽。从此之后，朗姆酒在英国海军中有了一个更响亮的名字——“纳尔逊之血”。该名称至今仍在使用。

自1960年菲德尔·卡斯特罗（Fidel Castro，时为古巴共和国政府总理）将百加得公司国有化以来，百加得（Bacardi）[4]便不再在古巴生产，其家族许多成员被迫流亡他乡。虽然该家族仍然管理这家公司，但朗姆酒是在波多黎各制造的。

“酒精度”（proof）一词源于检测酒精浓度的简单方法，将朗姆酒和黑火药混合，如果度数在57°以上，经过酒浸泡的火药仍然能够被点燃。由此一来，一方面可以帮助水手们分辨出劣质朗姆酒。另一方面，对于装载着朗姆酒和火药的军舰来说，如若发生朗姆酒泄漏事故，船上的火药仍然可以正常使用。

译注：

1. 俚语，指代英国或英格兰，第一次和第二次世界大战期间英国士兵用语，现含诙谐意味。
2. 大西洋中央航线，旧时指自非洲西海岸至加勒比的行程。
3. 美国商人唐·毕奇（Donn Beach）在好莱坞开设的一家餐厅。
4. 1862年源于古巴圣地亚哥的高档朗姆酒，是全球销量第一的高档烈性洋酒，产品遍布170多个国家。

# 杜松子酒[1]

# GIN

杜松子酒起初是药剂的主要成分或有效配方，常常在生活中扮演着罪犯和英雄的角色。杜松子酒的故事涵盖了海军探索、医学、政治和阶级几个方面的内容，横跨 5 个世纪。最初起源于炼金术的杜松子酒究竟为何能在如此短的时间内拥有如此巨大的影响力?

## 什么是杜松子酒

杜松子酒是由含有杜松子等植萃的中性谷物蒸馏而成。这种酒通常需要进行二次蒸馏以提高纯度，但杜松子酒生产商有时会投机取巧，直接将杜松子等成分加入酒精中，然后稀释至所需的度数并装瓶。虽然杜松子酒口味众多，但都是以杜松为基调。大多数杜松子酒通常使用 5 到 10 种植物来增添风味和香气，但目前生产者所使用的植物的种类超过 40 种。杜松子酒的常用成分有：当归根、当归种子、鸢尾根、香菜籽、摩洛哥豆蔻、肉桂、姜、小豆蔻、杏仁、荜澄茄浆果、肉豆蔻、柠檬皮、橙皮、鼠尾草、迷迭香、薰衣草、罗勒[2]和月桂。杜松子酒的度数迥然相异，但现代瓶装杜松子酒的度数通常为 37.5°—43°。

## 杜松子酒之糜——过分依赖

经过初期的发展及中东的炼金术士的进一步改良之后，蒸馏酒传入欧洲，通常与当地种类丰富的杜松子浆液进行调配，以保持其原有的药效。虽然当时尚未被称作“杜松子酒”，但是这些含有杜松子的烈酒提供了一种全新的贮存方法。随着贮存方法逐年改善，杜松子酒的品质得以不断提升。人总是难以抵制快乐的诱惑，也难以抗拒酒精的魅力。慢慢地，人们不仅为了治病而饮酒，还会为了寻欢而喝酒。

最终，荷兰开始生产金酒，即加入杜松子调味的荷兰烈酒。早在苦艾酒激发艺术家们的想象力之前，广受称赞的“荷兰金酒”率先自尼德兰共和国[3]传入英国。英国人将其简单地称为“杜松子酒”。1688年，诞生于荷兰共和国的奥兰治·威廉（William of Orange）推翻了詹姆斯二世（James II）政权。此后不久，1690年颁布的法案增加了法国葡萄酒和白兰地的关税，同时允许所有的人只要购得一张便宜的许可证，并且发出临时通知，即可蒸馏杜松子酒。杜松子酒的热潮从此开始了。

杜松子酒受到英国贫下阶层的欢迎，因此产量暴增。杜松子酒虽然起初使政府和上层阶级受益，但是不久令其感到恐惧。伦敦大众有史以来第一次无限量地购买廉价、强劲的烈酒。在这之前，他们只能选择淡啤酒聊以自娱。虽然英国人对杜松子酒一无所知，甚至将其视作毒药，但是它却赢得了底层人民的青睐。当时，因为淡啤酒更安全，所以伦敦贫民窟的儿童也通常不喝水而喝淡啤酒，人们的确会因为饮用啤酒而喝醉。但杜松子酒不一样，当时人们并不了解长期饮用高度酒的危害。杜松子酒的需求量空前高涨，一些唯利是图的酒厂开始向蒸馏锅中添加松节油和硫酸等成分。参照当今的标准，在不加冰的情况下，酒馆和酒商们供应的杜松子酒的量异常大。一家报纸对某家杜松子酒商店门口的广告感到失望，并对此进行了报道：

第一天喝个饱，第二天喝个倒。穷小子来喝酒，一分钱不要。

也就是说，1/4 品脱[4]的价格为 1 分钱，而 1/2 品脱的价格为 2 便士。当客人喝得天旋地转时，可以免费在干净的稻草上小憩。随着杜松子酒在伦敦街头泛滥，令人不寒而栗的故事一个接一个地发生。

有一位母亲为了购买杜松子酒而做出典当衣物、杀害亲生骨肉的荒唐之举。有些乳母虽然刚开始为了保护婴儿而饮用杜松香甜酒，但之后却嗜酒如命，乃至将襁褓之中的婴儿抛之脑后。有酗酒者甚至做出将婴儿扔入大火中活活烧死的令人发指的行为。摇篮中的婴儿嗷嗷待哺，但他们的照料者却只顾饮酒作乐。另一个故事是一个醉酒的男子被指控谋杀了生母，最终却因为其作案时神志不清而被无罪释放。

政府发起了一场反对“母亲的毁灭”[5]的道德运动。哀悼者身着黑色衣服游行，希望“荷兰金酒”被取缔。虽然金酒没有被全面禁止，但申请生产许可证的费用令人望而却步。最终，该法案并没有摧毁杜松子酒，而只是将杜松子酒推向地下生产，其销量仍旧居高不下。这种近乎封杀的举措引发了一系列天马行空、令人啼笑皆非的故事。杜德利·布拉德斯特（Dudley Bradstreet）发明了一种新奇的设备，一只名为“老汤姆”的猫可以通过其爪子下藏着的导管倒出杜松子酒。买家只需把钱放入暗箱中，默念暗号“喵，给我两分钱的杜松子酒”，稍等片刻，杜松子酒便会流出来！

随着道德感的提升，人们将杜松子酒视作邪恶的化身，避之唯恐不及。政府迫于压力多次拟定《杜松子酒法案》（*Gin Acts*），但大多都是有头无尾。终于，《1743 年杜松子酒法案》（*1743 Gin Act*）找到了遏制消费的秘诀，既降低了许可证的成本，又提高了关税。最终，杜松子酒的价格上涨，获得许可证的销售场所取代了地下供应商。杜松子酒的狂热总算冷淡下来，人们也不再像之前那么贪恋杜松子酒了。

在 18 世纪的英国，杜松子酒隐隐折射出阶层的差别。虽然它对身体有一定的危害性，但它能够给予苦难阶层的人慰藉。杜松子酒在产生利税的同时也引发了道德、阶级流动和伪善滥行等方面的问题。上层社会人士则偏爱葡萄酒和白兰地。英国虽然不限制饮酒自由，却只用了不到一代人的时间就跻身世界强国，堪称典范。

## 金汤力[6]

在英国，金汤力仅次于啤酒，就好比意大利有阿贝罗鸡尾酒，巴西有凯匹林纳鸡尾酒[7]，墨西哥有玛格丽塔酒，纽约有曼哈顿酒。到了英国（尤其是伦敦），如果没有尽情地享用金汤力，那将会是一个莫大的遗憾。

但是，在夜总会中独树一帜的金汤力又是如何成为英国酒文化的主流的呢？

（当被问及如何获得灵感）

唯有金汤力与美女。

**T.S. 艾略特**

(T.S.ELIOT)

就像英国与豪饮的关系一样，问题通常与军队有关。自 19 世纪伊始，英国军队和水手就被建议用烈酒或葡萄酒服用奎宁，以抵御热带地区的疟疾病。19 世纪中期，英国殖民者通过添加杜松子酒进一步改善印度新调制的碳酸汤力水的口感。毋庸置疑，杜松子酒是出门在外的男士们寻求慰藉的对象。金汤力不久之后辗转传入英国，西区的高级酒店在供应醇香烈酒的同时供应汤力水。

## 禁酒与逾越

杜松子酒之糜平息后，英国人并不看好“母亲的毁灭”。查尔斯·狄更斯（Charles Dickens）虽然在公开场合对过量饮用杜松子酒的做法嗤之以鼻，但自己却私下里不少偷喝。尽管随着金汤力等酒饮的到来，越来越多的人能够接受在公众场合豪饮杜松子酒，但“妈妈的金酒”直至禁酒令期间才获得美国的认可，地位才得以提升。荷兰金酒在 1920—1933 年的禁酒期间复苏。金酒与英国的关系即便算是紧密，也还是不够现实。

鸡尾酒文化使杜松子酒在美国普及开来，但也只是在地下酒吧大放异彩。相比于通过利用焦糖来冒充陈年的威士忌或白兰地，非法生产与杜松子酒口感相似的烈酒更为方便，因此杜松子酒更受青睐。美国的禁酒令使得杜松子酒更具文化性、更有特色。杜松子酒再次代表了一种异国情调，美国酒吧将美国甘甜苦涩的苦艾酒与伦敦苦涩的杜松子酒进行混合调制。

杜松子酒不仅受到大众的关注，更与艺术家建立了重要的关系。从前，以杜松子酒为题材的大多数写作都是说教性质的，但北美的作家和电影制片人似乎爱上了杜松子酒。谈及 20 世纪初期的文豪弗朗西斯 · 斯科特 · 菲茨杰拉德（F.Scott Fitzgerald）和欧内斯特 · 海明威（Ernest Hemingway）时，一定不会忘了他们对酒的偏好。谣传菲茨杰拉德之所以钟爱杜松子酒，是因为他喝过杜松子酒后身上没有酒味。海明威以自己擅长的马提尼酒酿造技术为傲。与众不同的是，他会将鸡尾酒洋葱冷冻至 -15℃，尽可能降低酒的温度。

在北美禁酒期间，杜松子酒再次经历了双重遭遇。在公开场合，无人饮用杜松子酒；然而，在私底下，即便是德高望重的人也会偷偷畅饮冰冻的杜松子酒。据说，富兰克林 · 罗斯福总统撤销禁酒令后，第一批合法的（尽管做工不佳）马提尼酒被酿制而成。内阁成员抱怨罗斯福在调配鸡尾酒时过量使用苦艾酒。或许这并不怪罗斯福，若不是大臣们在禁酒令被撤销之前调侃他的调酒能力，他都已然忘记了调酒方法。

在禁酒令结束后兴起的文学、电影和鸡尾酒会，都促使无色透明、清新爽口的杜松子酒再次在英国崛起。据说温斯顿 · 丘吉尔（Winston Churchill）首相钟爱纯杜松子酒，不喜欢添加苦艾酒，他的马提尼酒不加苦艾酒。他要么房间里会留有一瓶苦艾酒，要么向法国方向鞠躬致意。然而，当被密探察觉后，杜松子酒才成为主流文化。直到詹姆士 · 邦德（James Bond，“007”系列小说、电影的主角）第一次在皇家赌场点了一杯维斯帕鸡尾酒，马提尼酒才成为标志性产品。

现在，杜松子酒已成为手工艺文化和工匠生产的代名词，杜松子酒市场空前繁荣。与其他烈酒不同，杜松子酒催生了小型酿酒厂的兴起。自 2010 年以来，英国杜松子酒酒厂的数量增加了 1 倍多。

杜松子酒的精神永不磨灭。虽然杜松子酒在美国不乏拥护者，既有下层社会的狂喝豪饮，又有上层社会的浅酌慢饮，但杜松子酒一直以来与美国的禁酒政策僵持不下。有人将杜松子酒视作摆脱苦恼的灵丹妙药，也有人将其用作活跃宴会气氛的手段。杜松子酒的历史不像其本身那么纯洁无瑕，但却不影响它的芳芬诱人。杜松子酒的精髓就是将各种物质与生命之水混合调配。

我喜欢喝马提尼酒，
但最多只能喝两杯，
第三杯就醉了，
第四杯就不省人事了。

**多罗茜·帕克**
(DOROTHY PARKER)

# 调酒师力荐

## 快速通道

### 41.6° 希普史密斯伦敦干杜松子酒

自从喝过这款杜松子酒，我就一发不可收拾地爱上了它。其杜松子含量不多不少，恰如其分。如果调配马提尼酒，我会选择用这款杜松子酒。

## 酒柜必藏

### 43° 杰森老汤姆杜松子酒

对于不熟悉老汤姆杜松子酒的人来说，这是一个不错的选择。这款酒的口味介于荷兰金酒与伦敦干杜松子酒之间。同时，它还可以用于调配马丁内斯鸡尾酒。

## 酒中精品

### 49.3° 金菠萝酒

与市面上的许多新款杜松子酒不同，这款金菠萝酒的口味简直与杜松子一样，这是我从杜松子酒中发现的。如果我可以终生享用杜松子酒，我会选择这一款。

# 调配杜松子酒的三种方式

3 WAYS TO DRINK GIN

**配方 1**

25 毫升杜松子酒（最好选择伦敦干酒）
25 毫升甜苦艾酒（不同品牌的酒差异很大）
25 毫升金巴利苦酒

## 尼克罗尼酒

啊，尼克罗尼酒无处不在！时间追溯到 1919—1920 年的某一天，心情无比糟糕的尼克罗尼伯爵（Count Negroni）来到卡索尼咖啡馆（Caff è Casoni），请其御用调酒师弗斯科 · 斯卡塞利（Fosco Scarselli）为其调制一款比美国鸡尾酒口感更浓烈的酒。弗斯科用苏打水替换了原先的杜松子酒成分，尼克罗尼酒由此诞生。

› 将所有原料添加到搅拌杯中。

› 加满冰搅拌，直至冷却并充分稀释。

› 过滤至岩石杯中。

› 添加冰块。

› 将橙子皮挤出汁，滴入杯中，使其具有橙子味。

**配方 2**

20 毫升杜松子酒
20 毫升绿色查特酒
20 毫升黑樱桃利口酒
20 毫升青柠汁

## 临别一语鸡尾酒

我没有最喜欢的鸡尾酒，如果非要选出一款，那么当属临别一语鸡尾酒。这款鸡尾酒兼具复杂、清新及和谐的特点，可谓是鸡尾酒中的典范。

› 用冰块冷却高脚杯。

› 将所有原料添加到摇壶中。

› 用力摇晃 12—15 秒。

› 剔除高脚杯内的冰块，将饮品过滤两次，倒入杯中。

› 饰以樱桃。

**配方 3**

25 毫升伦敦干松子酒
25 毫升马提尼酒
25 毫升青柠汁
20 毫升苹果汁
15 毫升杏仁糖浆
3 片薄荷叶
2 片黄瓜

# 莫雷诺·芭比鸡尾酒

我的同事安德里亚·莫雷诺（Andrea Moreno）是艺术家、陶艺家和厨师，她曾经很喜欢这款酒。自从加拉加斯·芭比（Caracas Baby）创办她的第一家路边店铺以来，她就激情满满。她在 15 分钟内连点了 3 杯莫雷诺·芭比鸡尾酒（以前我称其为“Coolcumber”），最后哼着歌从酒吧后面的安全出口离开了。

› 将所有配料添加到鸡尾酒摇壶中。

› 用力摇晃 12—15 秒。

› 将饮品过滤两次，倒入事先冷却的鸡尾酒杯中。

› 将黄瓜片置于酒杯杯口边缘作为装饰。

在挽救了英国人的生命与思想方面，
杜松子酒和金汤力的功劳
超过了当时的医生。

**温斯顿·丘吉尔**
(WINSTON CHURCHILL)

# 逸闻轶事

威廉·荷加斯(William Hogarth)的《啤酒街》(*Beer Street*)和《杜松子酒巷》(*Gin Lane*)堪称18世纪最具启发性、最著名的艺术作品。以杜松子酒之糜为创作源泉，这两部作品旨在劝诫世人切勿酗酒。

“荷兰勇气”一词源于英、荷两国共同对抗西班牙军队时英国士兵对荷兰士兵勇猛无畏的称赞。

世界上最大的杜松子酒消费国是菲律宾，占全球杜松子酒消费量的1/3以上。有趣的是，大多数菲律宾人饮用最多的杜松子酒品牌是圣米格琴酒，大多数西方人甚至闻所未闻!

译注：

1. 杜松子酒，因其含杜松子味道而得名，亦称“金酒”。在中国香港和广东被称为“毡酒”，在中国台北被称为“琴酒”。
2. 罗勒，叶子碧绿芳香，多用于烹调。
3. 尼德兰共和国，世界上第一个资本主义国家，今荷兰。
4. 品脱，容量单位，主要于英国、美国及爱尔兰使用。
5. 美国有一种说法称过度饮用金酒会导致不孕不育，因此金酒也被俗称为“母亲的毁灭”。
6. G & T，金汤力是一种非常有名的鸡尾酒，其主要采用汤力水和金酒调配而成，汤力水能使金酒的苦味变得可口。
7. 凯匹林纳鸡尾酒，巴西国酒。

# 苦艾酒

# ABSINTHE

苦艾酒臭名昭著。作为一种有助于激发灵感的酒饮，苦艾酒受到全世界的关注。在瑞士作为补药的“绿仙子”传入了巴黎都市。苦艾酒成为整个苦艾酒运动的灵感之源。但是，这种非同寻常的受欢迎状态转瞬即逝。全球多个国家下令禁止销售苦艾酒，苦艾酒几乎要消失。苦艾酒为何如此受欢迎？人们为何如此恐惧苦艾酒消失？本文将会一一解答。

## 什么是苦艾酒

苦艾酒是一种蒸馏酒，主要添加所谓的“圣三一”——绿茴芹、甜茴香和苦艾（即洋艾）。“苦艾酒”一词源自法语，指“大苦艾”植物。苦艾酒常用药草和其他植物作为原料，包括小艾草、菖蒲、八角茴香、牛膝草、香菜、当归及婆婆纳属植物。

苦艾酒是用高度耐腐蚀的中性酒精浸润特定的植物制成的，然后蒸馏浸渍液，使植物油和酒精从水中和植物固体中蒸发，最后将醇香的无色透明的“布兰奇”风味的苦艾酒装瓶。更广为人知的绿色或“植物香”苦艾酒需要二次浸渍新鲜的植物。这不仅赋予了其风味和香气，同时使

其具有植物叶绿素似的催眠色。苦艾酒传统上是不加糖的高度瓶装酒，酒精度通常为 55° —72° 。添加水（如果需要的话，也可以加糖）是为了稀释酒精。加水稀释后的苦艾酒不再透明，变得浑浊，呈乳白色，这种现象叫“悬乳效应”。

## “绿仙子”

苦艾草、大艾草或洋艾中的关键成分源自欧洲、亚洲和一些非洲国家的多年生植物，又称“艾蒿”。药用艾草的历史可以追溯到古埃及，在《埃伯斯纸草文书》（*Ebers Papyrus*，前 1550）中有所提及，其用途似乎进一步扩大了。据说苦艾酒可以治疗多种疾病，包括头痛、痛风、发烧和肾结石，后来也被用作治疗疟疾的药物。此外，点燃的苦艾可以驱除房屋和衣服上的害虫，例如跳蚤和飞蛾。具有讽刺意味的是，少剂量的苦艾不仅可以防止葡萄酒变质，而且大艾草对醉酒的人具有醒酒的功效。

“苦艾酒”这个名字源自希腊语“Apsinthion”，意思是“不可饮用的”。该植物异常苦涩——除非兑水（或葡萄酒）调和，否则难以下咽。因为患有肠蠕虫疾病的病人采用苦艾治疗，英语术语“艾草”（wormwood）应运而生。大艾草中的有效成分是侧柏酮。侧柏酮是薄荷醇的“表亲”，鼠尾草等常见食品中天然存在少量的侧柏酮。高剂量的侧柏酮有毒，会导致抽搐，甚至死亡，这一特性在苦艾酒的历史上变得至关重要。绿茴香和茴香都隶属伞形科，带有大洋茴香和甜甘草的味道。一直被认为有壮阳疗效的茴香注定会成为酒饮的一味成分。

最初的苦艾酒沿袭了这种药疗传统。据说，苦艾酒是法国一位名叫皮埃尔·欧丁内里（Pierre Ordinaire）的胡格诺派医生发明的。故事中，被流放在外的欧丁内里在瑞士瓦尔德·特拉韦尔避难。在那儿，他调制出了苦艾酒，可用于治疗一切小病。欧丁内里骑着马漫游各地，给有需要的人送去这剂良药，不久便声名远扬，人们把这种疗效神奇的草药誉为“绿仙子”。据说欧丁内里在弥留之际曾将药方送给其忠实的顾客——库韦镇的亨里厄德（Henriod）姐妹二人，她们俩延续了欧丁内里的工作。

此后，杜比德少校（Major Dubied）被“绿仙子”深深吸引。1797年，他收购了亨里厄德姐妹俩的配方，打算将其调制成开胃酒。虽然这个故事的开始很纯洁，但最终也像其他烈酒一样难免落入俗套。似乎在欧丁内里抵达瑞士之前，就有人蒸馏苦艾酒了。也有可能是亨里厄德姐妹先向欧丁内里介绍这种药酒的。半个多世纪之前，在纳沙泰尔（Neuchâtel），就有将艾草等草药与馏出物调配的传统。欧丁内里更像是一个“绿仙子”的积极推动者，而不是发明者——也许是第一任宣传大使。

杜比德少校身揣亨里厄德姐妹的独家配方返回法国，遂携手自己的女婿亨利·路易斯（Henri-Louis）创办了迈松·保尔·菲尔斯酒厂（Maison Pernod Fils），开始小批量生产苦艾酒。亨利·路易继续打造了一个王朝。战争使得苦艾酒的需求量激增。苦艾酒的酒精度高于啤酒和葡萄酒等淡酒，这一点对于酿酒师来说更便利，因为高酒精度更有利于运输。据称，苦艾酒药用价值丰富，尤其是其抗疟疾的功效使其在法国殖民地军队中很受欢迎。因为瓶装苦艾酒的度数异常高，所以它成为军队的首选。返乡士兵带动家乡人民对苦艾酒的喜爱，同时激发了对苦艾酒的追捧。苦艾酒别具一格的风味使其征服了那些没有服过兵役的法国公民。

## 苦艾酒的悬乳现象仪式感和致幻剂传言

苦艾酒的高酒精度数（有些苦艾酒度数超过 70° ）有着特殊用途。高酒精度可以使在蒸馏与浸泡过程中产生的植物精油得以保存。兑入水后，会产生水包油型微颗粒，使珠宝般透彻的液体变浑浊（即出现“悬乳效应”），使原酒精中的化学物质发生反应，最终产生口感大致相同的苦艾酒。这就是为什么苦艾酒在装瓶前几乎不兑水的原因。

稀释苦艾酒并添加方糖使其变甜，最终成为一种惯例。将一剂苦艾酒倒入标有刻度的玻璃杯中。将搅拌匙置于玻璃杯上方，再放置一块方糖。最后，将冰水小心地滴入或倒在方糖上，使其溶解。随着水面上升，悬乳效应发生，有银河般的漩涡产生，直到饮料变成不透明的乳白色（一般苦艾酒与水的比例为 1 ： 3）。

即便是法国的审美家也认为这一习俗难以抗拒。他们甚至创造了各种道具来丰富饮酒的程序。漂亮、多面的形似埃菲尔铁塔的苦艾酒喷泉建于 1887 年，至今仍有较高收藏价值。苦艾酒一度风靡法国。其追随者大多是巴黎咖啡馆常客中的一些瑜伽行者。他们会悉心指导那些非专业的人士调配苦艾酒，有时会收取一些小费以作酬劳。蒙马特高地成为咖啡馆文化的中心，并为寻求灵感的作家和艺术家提供戏剧展演的平台。“绿仙子”成为流行的开胃饮品，每天下午 5 点到 6 点之间的时间段被称为“绿仙子的绿色时光”。

传说中苦艾酒的功效也是扑朔迷离。与盛传的观点相反，苦艾酒没有任何致幻作用。有些苦艾酒信徒表示，饮用苦艾酒至微醺状态时，思路更清晰、思维更敏锐独特。直到今天，人们一直认为这是艾草中侧柏酮的功效。但由于艾草中的侧柏酮的含量极低，科学家推断苦艾酒中各种草药的活性成分的混合效应导致了上述感受的产生。苦艾酒饮用者在其艺术作品、文学作品和行为上的不同，加上谣言的夸大，导致人们错误地将苦艾酒视为毒品。1871 年 5 月普法战争的结束标志着黎明的到来以及艺术和知识的复兴。“绿仙子”即将迈入新时代。

## “绿仙子”激发灵感

苦艾酒的魅力与法国的“美好年代”[1] 同时达到顶峰。灵感、创造力和新颖的思想迸发。苦艾酒与波西米亚[2] 之间的密切关系史无前例，称赞“绿仙子”的名流及作品不遑枚举。巴勃罗 · 毕加索（Pablo Picasso）、亨利 · 德 · 图卢兹 - 洛特雷克（Henri de Toulouse-Lautrec）、奥斯卡 · 瓦尔德（Oscar Wilde）、阿瑟 · 里姆堡德（Arthur Rimbaud）、保尔 · 魏尔兰（Paul Verlaine）、埃德加 · 爱伦 · 坡（Edgar Allan Poe）和欧内斯特 · 海明威等都钟爱苦艾酒，并在他们的作品里多有提及。文森特 · 梵 · 高

（Vincent Van Gogh）不仅将苦艾酒作为创作题材，还通过各种间接的方式援用苦艾酒，以使其永垂不朽。许多人认为，在苦艾酒的催眠作用下，他割掉自己的耳垂，将其作为礼物送给妓女。但梵·高患有双相情感障碍，在生命的晚期患有精神疾病。鉴于梵·高饮用多种酒缓解病痛，甚至包括使用松脂，他自残的行为不能完全归结于饮用苦艾酒。

其他有关苦艾酒饮用者的故事几乎一样令人瞠目结舌。法国荒诞剧《愚比王》（*Ubu Roi*）[3]的创作者阿尔弗雷德·雅里（Alfred Jarry）认为纯净水难以下咽。雅里嗜酒如命，他每日早餐都会饮用 8 大杯白葡萄酒和 3 大杯苦艾酒，午餐和晚餐更是如此。后来喝得烂醉的雅里在某个深夜竟开始认真研制苦艾酒的调配。只要是酒，无论度数高低，都有使人上瘾的危险。苦艾酒也不例外，它的危害甚至远不止这些。一些苦艾酒嗜好者承认自己与苦艾酒的情感极为复杂。查尔斯·鲍德莱尔(Charles Baudelaire)因为酒瘾而认为苦艾酒及毒瘾害了自己。亨利·德·图卢兹-洛特雷克对苦艾酒的依赖虽然激发了其创作灵感，但却带来了致命的后果。当亨利恼怒的父亲试图阻止亨利饮酒时，他竟用一根空心的拐杖匿藏了近 1 品脱的酒。死亡反而使其彻底从被红磨坊[4]的狗和大象[5]追撵的噩梦中解脱出来。

苦艾酒虽然很受欢迎，但也不乏反对者。早在 19 世纪 60 年代，就已经有人调查苦艾酒滥用的问题（即苦艾酒中毒）。喝苦艾酒中毒的症状与滥用杜松子酒产生的症状相差无异，只是多了幻觉。后来才知道，这是过量摄入烈酒而导致的。劣质的苦艾酒都含有有毒的化学成分，正如 18

世纪在伦敦秘密生产的杜松子酒。然而，科学研究发现艾草的活性成分——侧柏酮才是真正的“元凶”。研究者进行了实验，给豚鼠注射纯艾草精华液。结果，这些豚鼠出现间歇性痉挛，最后死亡。这一结果引起媒体轰动，而实际上，任何一瓶苦艾酒中侧柏酮的含量都不足以致人于死地。在达到侧柏酮的致死剂量之前，酗酒者早就因为饮酒过量而亡了。

禁酒运动试图从道德的角度出发遏抑醉酒文化，苦艾酒在酒文化中的地位不可估量。人们认为“绿仙子”是邪恶的化身，玛丽·科雷利（Marie Corelli）等作家通过作品抨击这种使人销魂的酒。苦艾酒的最大反对者当属酿酒师，由于苦艾酒最便宜时比咖啡馆中的酒的价格还低，所以他们不断进行游行，呼吁禁止苦艾酒，甚至还企图利用其长期以来与政府的联系来推动变革。不仅如此，反对者们妄想通过一系列谋杀案蛊惑政府与民众抵制苦艾酒。1905 年，瑞士发生了一起惨案，轰动一时，贫穷工人让·兰弗瑞（Jean Lanfray）先后枪杀了他的两个女儿及其怀孕的妻子。之后，他企图自杀未遂。案发前，他喝了两杯苦艾酒。媒体以此大做文章，而忽略了兰弗瑞是一名酒鬼，通常每天喝 5 升葡萄酒的事实。他们还刻意隐瞒了一条关键信息，那就是兰弗瑞在案发前不仅喝了苦艾酒，还喝了大量的葡萄酒和白兰地。

比利时和巴西开创了先例，于 1906 年禁止苦艾酒。荷兰于 1908 年加入其联盟，瑞士两年后加入。美国于 1912 年实施禁酒令。最后，在 1915 年第一次世界大战的深渊里，法国也禁止了苦艾酒。顺便说一句，西班牙和英国从未禁止过苦艾酒。似乎后者从来没有对此产生太大的兴趣。随着大多数酒厂破产或转而生产其他酒品，苦艾酒变得极为稀缺，仅在西班牙少量生产。

1989 年，捷克斯洛伐克的独立为企业家拉多米尔 · 希尔（Radomill Hill）开了绿灯，他开始提炼其个人声称的苦艾酒独家秘方。但因为秘方的成分不含茴香，所以苦艾酒并没有出现悬浊现象，这促使营销商推广源自布拉格[6]的一种新颖的“波西米亚式”方式，即点燃方糖。1988 年欧盟修改法规，允许生产侧柏酮的含量不超过 10mg/L 的苦艾酒及侧柏酮含量不超过 35mg/L 的苦艾酒。捷克式苦艾酒的流行（尤其是在英国）促使法国和瑞士的生产商重新认识被其弃之不顾的苦艾酒。虽然不乏意图通过劣质苦艾酒趁机大捞一笔的不良商家，但也有试图研制出最佳配方的良心商家。随着国际上对苦艾酒的评价发生了转变，美国在 2007 年也改变了其对苦艾酒的态度，允许生产侧柏酮含量低于 10ppm 的烈酒。鸡尾酒的复兴进一步点燃了人们对“绿仙子”的激情，而且值得庆幸的是，现在，只要是一家正宗的鸡尾酒酒吧，都存有至少一种高品质的苦艾酒。

苦艾酒让人捉摸不透，它因种类繁多、规约宽松、价格亲民而导致人们过量消费。然而，在现代社会，一方面对苦艾酒有明显的政治、经济偏见，另一方面受限于缺乏禁止苦艾酒的理据，实在是左右为难。苦艾酒对创作人员灵感的激发所起的积极作用与其对人身体所带来的消极影响不相上下。我们希望，通过了解苦艾酒的历史，未来的创造者能够以敬畏之心享受苦艾酒。

我连续三个通宵喝苦艾酒，
一度认为自己智慧非凡。
这时服务员走进来开始给花浇水，
郁金香、百合花和玫瑰，
这些最美的花开始绽放，
咖啡馆就好像一座花园。
我问服务员：“你看见这些花儿了吗？”
“先生，我并没有看见。”

**奥斯卡·瓦尔德**
(OSCAR WILDE)

# 调酒师力荐

## 快速通道

### 68° 拉菲巴黎妇人苦艾酒

价格便宜，风味经典。这是苦艾酒的创始人玛丽 - 克劳德 · 德拉海（Marie-Claude Delahaye）唯一认可的苦艾酒，体面的入门酒。

## 酒柜必藏

### 55° 枫丹白露苦艾酒

在苦艾酒的布兰奇类别中，这一款酒稍带果味，风味均衡，可谓是了解布兰奇酒的好途径。

## 酒中精品

### 68° 贾德充氧苦艾酒

为了重现经典，苦艾酒爱好者精心调配了这款经过氧化的苦艾酒。虽然我无法确定这款酒是否对健康有害，但这款鸡尾酒确实值得一品。

调配苦艾酒的
三种方式
3 WAYS TO DRINK ABSINTHE

**配方 1**

50 毫升苦艾酒
1 壶冰水
方糖（依据个人口味选择）

## 精致苦艾酒

我记得曾在英国利兹的一家酒吧饮用过少量的苦艾酒，当时我尚未成年。如今只感叹没有早点接触这款美妙绝伦的酒……

› 将苦艾酒倒入苦艾酒杯或罗马酒杯中。

› 将苦艾酒汤匙放在酒杯上，然后将方糖放在汤匙中。

› 慢慢地将水浇在方糖上，溶解方糖。

› 倒入水，直至出现悬浊，然后根据个人口味选择是否继续稀释。

› 搅拌，使剩余的方糖全部溶解。

› 举杯敬仙子，然后尽情享用。

**配方 2**

20 毫升杜松子酒（伦敦干杜松子酒口感极佳）
20 毫升美式鸡尾酒
20 毫升橘味白酒
20 毫升青柠汁
3 滴苦艾酒

## 僵尸复活 2 号鸡尾酒

› 将所有配料添加到鸡尾酒摇壶中。

› 使劲摇动 12—15 秒。

› 将饮品过滤两次，倒入事先冷却的鸡尾酒高脚杯中。

› 用樱桃装饰。

**配方 3**

50 毫升黑麦威士忌（如果有伍德福德珍藏更好）
25 毫升榛子利口酒
3 滴阿兹特克苦巧克力
苦艾酒调色

# 胡桃里鸡尾酒

味道丰富、甘甜，令人陶醉，感觉绝妙。如果您想彻底放飞自己，不妨尝试一下胡桃里鸡尾酒，这款鸡尾酒顺滑无比。

› 用苦艾酒冲洗鸡尾酒高脚杯。

› 将其他成分添加到搅拌杯或摇壶中。

› 加冰搅拌，直至充分冷却、稀释。

› 倒出苦艾酒，过滤至鸡尾酒高脚杯中。

昨晚喝苦艾酒喝到昏天暗地，
迷迷糊糊之中竟将餐刀插进了钢琴。

**欧内斯特·海明威**
(ERNEST HEMINGWAY)

有了花，有了女人，
有了苦艾酒，有了火，
我们就可以消遣一下，
在戏中扮演我们的角色。

**夏尔·克罗**
(CHARLES CROS)

# 逸闻轶事

巴黎的苦艾酒爱好者饮用苦艾酒时会严格遵守礼俗。对于现代人点燃方糖的做法，他们肯定会万般惶恐。在 20 世纪 90 年代，随着燃烧的比基尼鸡尾酒的盛行，点燃方糖的方式靡然成风。

1901 年，潘诺酿酒厂发生了火灾。数百万公升的苦艾酒流入杜波斯河，由于河里的水使苦艾酒发生了悬浊现象，数英里的河水变成了乳白色。

虽然苦艾酒中的艾草可能危害性极大，但含艾草的饮品并未被禁止。其中最著名的“vermouth”就源自德语 “vermut”，意为“艾草”。

译注：

1. Belle Époque，是欧洲社会史中的一段时期，从 19 世纪末开始，至第一次世界大战爆发而结束，这段时期被上流阶级认为是一个“美好年代”。
2. 波西米亚区，经常被反世俗陈规的人（尤其是艺术家或作家）光顾的区域。
3. 《愚比王》又译作《乌布王》。
4. 红磨坊是巴黎最地道的法式歌舞厅，也是世界上最具传奇色彩的夜总会。
5. 红磨坊的花园中建有一个户外舞台和一尊大型木雕大象。
6. 布拉格，前捷克斯洛伐克首都，现捷克首都。

# 致谢

转眼到了告别的时候。写作是一项可以独享的事业。话虽如此，没有他人的帮助，想要完成写作也是不可能的。在此，我想感谢拨冗惠阅本书的友人们。

首先，特别感谢娜奥米（Naomi）一直以来的情感支持、耐心陪伴与理解，感谢她为了本书创作的倾情付出。感激之情无以言表，唯有化作驱动我前进的不竭动力。

感谢凯丽（Carrie），谢谢你一直相信我是完成这项任务的最佳人选。我为我们共同取得的成绩而感到高兴，我想你也是如此。

感谢汤姆（Tom），你是一个天资聪慧的人。和你共事一直是非常愉悦的，感谢你在本书的创作过程中所做的一切贡献。

感谢安德鲁（Andrew）、布莱恩（Bryn）及 ACC 团队，感谢你们的关怀备至、体贴入微，这样的温暖沁人心脾。

感谢英国图书馆。回首在图书馆的日子，就像一场梦。图书馆的工作人员，从保安到图书馆馆员都是那么和善友好。毋庸置疑，要是没有图书馆，这本书也不能完成。

迈克尔·奈特，你永远是那个最会说故事的人，这一点，我自叹不如。多亏了你的指导，这本书中的故事才得以奇趣横生。感谢巴贝特（Babette）和迈克尔，没有你们，我不可能在这无与伦比的场所将写作与酒吧工作融合起来。

巴贝特，我知道，如果我没有提及桃乐丝·帕克尔（Dorothy Parker），你一定不会原谅我。迈克尔，如果这本书畅销，我一定会酬谢你为此付出的辛劳。

感谢马特（Matt）、瑞秋（Rachel）、艾丽（Elly）以及 Craving Coffee 的全体成员，感谢你们允许我返回酒吧尝试新型饮品。

感谢詹姆斯（James），感谢你协助我了解世界酒史。在此献上我诚挚的敬意！

感谢菲奥娜（Fiona）给予我的勉励，是你让我相信我所做的一切都是值得骄傲的！

感谢烧酎酒馆的阿达莫（Adamo）和克里斯蒂安（Christian），你们无微不至的照顾给人一种宾至如归的感觉。感谢你们！

感谢创作过程中所阅之书的作者们，要不是你们对酒的强烈的求知欲望，我也不可能完成这本书。再次表示感谢！

最后，由衷地感谢我的家人，他们永远是我前进的坚强后盾。如有不到之处，敬请谅解。不妨怪罪于酒。

干杯！

瑟　奇

图书在版编目（CIP）数据

改变世界的十大名酒 /（英）瑟奇·林奇
(Seki Lynch) 著；（英）汤姆·玛利尼阿克
(Tom Maryniak) 绘；史瑶瑶译. -- 北京：中国摄影出
版传媒有限责任公司，2020.12
书名原文：Ten Drinks That Changed the World
ISBN 978-7-5179-1005-3

Ⅰ. ①改… Ⅱ. ①瑟… ②汤… ③史… Ⅲ. ①酒－介
绍－世界 Ⅳ. ① TS262

中国版本图书馆 CIP 数据核字 (2020) 第 236690 号

---

北京市版权局著作权合同登记章图字：01-2020-2304 号
Published in the English language in 2018 under the title Ten Drinks That Changed the World
ISBN 9781851499007, by ACC Art Books Ltd Woodbridge, Suffolk, IP12 4SD, UK.

www.accartbooks.com

改变世界的十大名酒
作　　者：[英]瑟奇·林奇 著　[英]汤姆·玛利尼阿克 绘
译　　者：史瑶瑶
出 品 人：高　扬
责任编辑：盛　夏
版权编辑：张　韵
装帧设计：冯　卓
出　　版：中国摄影出版传媒有限责任公司（中国摄影出版社）
　　　　　地址：北京市东城区东四十二条 48 号　邮编：100007
　　　　　发行部：010-65136125　65280977
　　　　　网址：www.cpph.com
　　　　　邮箱：distribution@cpph.com
印　　刷：北京科信印刷有限公司
开　　本：32 开
印　　张：6.5
版　　次：2020 年 12 月第 1 版
印　　次：2020 年 12 月第 1 次印刷
ISBN　978-7-5179-1005-3
定　　价：68.00 元